物理学习指导

（五年制）

邱勇进　主编

王大伟　蔚海涛　冷泰启　韩文翀　副主编

化学工业出版社

·北京·

图书在版编目（CIP）数据

物理学习指导：五年制/邱勇进主编. —北京：
化学工业出版社，2017.10（2022.9重印）
ISBN 978-7-122-30512-1

Ⅰ.①物… Ⅱ.①邱… Ⅲ.①物理学-高等职业教育
-教学参考资料 Ⅳ.①O4

中国版本图书馆 CIP 数据核字（2017）第 207865 号

责任编辑：高墨荣 装帧设计：刘丽华
责任校对：宋 夏

出版发行：化学工业出版社（北京市东城区青年湖南街 13 号 邮政编码 100011）
印 装：北京科印技术咨询服务有限公司数码印刷分部
787mm×1092mm 1/16 印张 $10\frac{1}{2}$ 字数 181 千字 2022 年 9 月北京第 1 版第 2 次印刷

购书咨询：010-64518888 售后服务：010-64518899
网 址：http://www.cip.com.cn
凡购买本书，如有缺损质量问题，本社销售中心负责调换。

定 价：32.00 元

前言

　　本书是根据教育部颁布的《高职高专教育物理课程教学基本要求》，在"以应用为目的，以必需够用为度"的原则指导下，在高职高专物理教学内容和课程体系改革的实践基础上，总结了教学实践中的改革成果和经验，为适应高职实施的"模块化教学"的需要而编写的。

　　本书从当前学生的实际情况出发，根据大纲要求，遵循学生认识规律，可作为五年制高职学生学习物理的辅助用书。编写本书旨在指导五年制高职学生学好物理知识，加深理解物理概念和基本定律、定理，从而达到提高分析问题、解决问题能力和培养综合素质以及职业技能的目的。

　　本书按教材章节顺序，每节按学习目标、重点难点、知识诠释、学习指导、典型例题和达标检测六部分编写。内容包括：相互作用、匀变速直线运动、牛顿运动定律、功和能、曲线运动、静电场、恒定电流、磁场、电磁感应、交流电和综合测试训练。为使学生对教材达到深入理解、融会贯通的目的，本书在个别章节上较教材略有加深，但控制在适度的范围内。

　　本书由邱勇进主编，参加本书编写的还有王卫、韩文翀、宋瑞娟、冷泰启、蔚海涛、刘志国、宋兆霞、王大伟。编者对关心本书出版、热心提出建议和提供资料的单位和个人在此一并表示衷心的感谢。

　　本套教材适用于五年制高职生使用，也可作为多学时的中等职业学校、职业高级中学的物理教材。

　　由于水平所限，缺点和疏漏之处在所难免，敬请广大读者批评指正。

编者

目录

第1章

相互作用

1.1 力

学习目标

1. 理解力是物体间的相互作用，力不能脱离物体而存在，在实际问题中能找出施力物体和受力物体；

2. 理解力的三要素——力的大小、方向和作用点；

3. 会画出力的示意图。

知识诠释

1. 力是物体间的相互作用　一个孤立的物体不会存在力，力不能脱离开施力物体和受力物体而独立存在。在研究一个物体受力时，不一定指明施力物体，但施力物体一定存在且能找到。

2. 力的作用效果　力的作用效果是使受力物体的形状发生改变或使受力物体的运动状态发生改变。力的作用效果是由力的大小、方向和作用点共同决定的。力虽然看不见，但透过作用效果能感知力的存在。

3. 力的三要素　力的大小、方向和作用点称为力的三要素。力的大小可以用测力计来测量，单位是牛顿（N）；力是有方向的物理量；力的作用点一般在受力物体上。

4. 力的示意图　力的三要素决定力的作用效果。在物理学中，形象而准确地表示出力的三要素的方法就是力的示意图。力的示意图用一根带有箭头的有向线段直观表示出来，线段的长度表示力的大小，箭头的指向表示力的方向，箭头或箭尾表示力的作用点。

学习指导

力是物理学中重要概念之一，对力的理解需要循序渐进才能把握。首先力离不开物体而存在，其次力不仅有大小，而且有方向。力的示意图是形象表示力的方法。画力的示意图时，应注意把力的三要素都一一表示出来。

典型例题

例题 竖直向上运动的子弹，是否受到向上的推力？为什么？

解析： 竖直向上射出的子弹，在飞行过程中只受到地球对它的重力作用（不计空气阻力），不受向上的推力，因为子弹已经脱离枪口，没有物体给它施加向上的推力，其向上运动是惯性的表现。有的同学认为还受到向上的推力是错误的，原因是由于对力的概念没有理解好。因为力不能凭空产生，枪对子弹的作用仅仅在开枪的那一段极短的时间内，一旦子弹与枪分离，子弹就不再受向上的推力了。

达标检测

1.关于力的说法正确的是（　　）。

A. 两个物体不接触，就不会产生力的作用

B. 没有物体就没有力的作用

C. 一个物体也会产生力的作用

D. 两个物体只要接触，就一定会产生力的作用

2.关于力的说法正确的是（　　）。

A. 只有相互接触的物体间才有力的作用

B. 物体受到力的作用，运动状态一定改变

C. 施力物体一定受力的作用

D. 竖直向上抛出的物体，物体竖直上升，是因为竖直方向上受到升力的作用

1.2 重力和弹力

学习目标

1.理解重力是由于物体受到地球的吸引而产生的；

2.掌握重力大小和方向。会用公式 $G=mg$（$g=9.8N/kg$）计算重力；

3.了解重心的概念以及均匀物体重心的位置；

4.了解形变的概念，理解弹力是物体发生形变时产生的；

5. 能够正确判断弹力的有无和弹力的方向，正确画出物体受到的弹力；

6. 掌握胡克定律，能运用定律解答问题。

重点难点

1. $G=mg$ 中，g 值因在地球的不同纬度而不同，所以重力严格来讲是变化的，重力的方向总是竖直向下。

2. 弹力是在物体发生形变时产生的，应了解弹力产生的原因并会判断方向。

知识诠释

1. 重力

（1）重力的产生：由于地球的吸引而使物体受到的力，重力的大小也可以称为重量。重力一般不是地球对物体的吸引力。

（2）重力方向：重力的方向总是竖直向下。重力的方向竖直向下，而不是垂直向下，也不能说成垂直于地面或垂直于支持面向下。

（3）重力大小：重力大小与物体质量有关系：$G=mg$（$g=9.8\text{N/kg}$）

g 值在地球不同位置取值不同，赤道上 g 值最小，而两极 g 值最大；在同一位置，离地面越高，重力越小。在地面附近不太大的范围内，可认为 g 值是恒定的。

（4）重力的作用点：重力是分布力，但我们常认为重力集中作用在重心上。

2. 重心 一个物体的各部分都要受到重力的作用。从效果上看，我们可以认为各部分受到的重力作用集中于一点，这一点叫做物体的重心。物体的重心位置跟物体的质量分布、几何形状有关。质量均匀分布、几何形状规则的物体，它的重心就在几何中心上；质量分布不均匀的物体，重心的位置除跟物体的形状有关外，还跟物体内质量的分布有关。物体的重心可在物体之上，也可在物体之外。测量物体的重心位置的方法是悬挂法。重心是物理学中等效代替思想的体现。

3. 形变 物体在力的作用下发生的形状和体积的改变。形变的原因是物体受到了外力。形变可分为弹性形变和非弹性形变。弹性形变指的是在外力作用停止后，能恢复原状的变形；非弹性形变指的是在外力作用停止后，不能恢复原状的变形。任何物体受到力都发生形变，不发生形变的物体是不存在的。

4. 弹力 发生形变的物体，由于要恢复原状，对跟它接触的物体施加的作用力。

（1）产生条件：①两个物体直接接触；②物体之间有形变。

（2）弹力的方向：弹力的方向与物体形变的方向相反，与物体恢复形变的方向相同。

（3）弹力的大小：弹力对物体的弹力遵循 $F=kx$（胡克定律）

说明：①该式只适用于弹簧的拉伸或压缩变形；②k 为弹簧的劲度系数。它表征弹簧固有的力的性质，由弹簧本身的物理条件（材料、长度、截面等）决定；③x 为形变的大小。

学习指导

重力的方向总是竖直向下，而不是垂直向下，也不能说成垂直于地面或垂直于支持面向下；重力是分布力，每个部分都受到重力作用，只是为了研究的方便认为重力集中作用在重心；重力不是地球对物体的引力。

弹力是接触力，发生在相互接触并且有形变的物体之间。压力、支持力、绳的拉力（张力）都是弹力。

达标检测

1. 下列关于重心的说法，正确的是（　　）。

A. 重心就是物体上最重的一点

图 1-1　题 2 图

B. 形状规则的物体重心必与其几何中心重合

C. 直铁丝被弯曲后，重心便不在中点，但一定还在该铁丝上

D. 重心是物体的各部分所受重力的合力的作用点

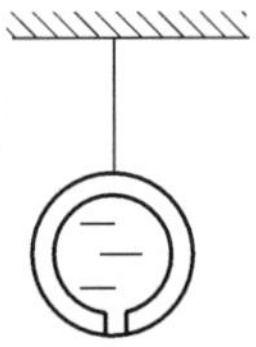

2. 如图 1-1 所示，一个空心均匀球壳里面注满水，球的正下方有一个小孔，当水由小孔慢慢流出的过程中，空心球壳和水的共同重心将会（　　）。

A. 一直下降　　　　B. 一直上升　　　　C. 先升高后降低　　　　D. 先降低后升高

3. 关于重力的说法正确的是（　　）。

A. 物体重力的大小与物体的运动状态有关，当物体处于超重状态时重力大，当物体处于失重状态时，物体的重力小

B. 重力的方向跟支承面垂直

C. 重力的作用点是物体的重心

D. 重力的方向是垂直向下

4. 书放在水平桌面上，桌面会受到弹力的作用，产生这个弹力的直接原因是（　　）。

A. 书的形变　　　　B. 桌面的形变　　　　C. 书和桌面的形变　　　　D. 书受到的重力

5. 下面关于弹力的几种说法，其中正确的是（　　）。

A. 只要两物体接触就一定产生弹力

B. 只有发生形变的物体才能产生弹力

C. 只有受到弹簧作用的物体才会受弹力作用

D. 相互接触的物体间不一定存在弹力

6. 关于弹力，下列说法正确的是（　　）。

A. 静止在水平面上的物体所受的重力就是它对水平面的压力

B. 压力、支持力、绳中的张力都属于弹力

C. 弹力的大小与物体的形变程度有关，在弹性限度内形变程度越大，弹力越大

D. 弹力的方向总是与施力物体恢复形变的方向相同

7. 关于弹簧的劲度系数 k，下列说法正确的是（　　）。

A. 与弹簧所受的拉力大小有关，拉力越大，k 值也越大

B. 由弹簧本身决定，与弹簧所受的拉力大小及形变程度无关

C. 与弹簧发生的形变的大小有关，形变越大，k 值越小

D. 与弹簧本身特性，所受拉力的大小、形变大小都无关

8. 一弹簧的两端各用 10N 的外力向外拉伸，弹簧伸长了 6cm，现将其中的一端固定于墙上，另一端用 5N 的外力来拉伸它，则弹簧的伸长量应为（　　）。

A. 6cm   B. 3cm   C. 1.5cm   D. 0.75cm

9. 标出（图 1-2）各物体在 A、B、C 处所受的支持力的方向（　　）。

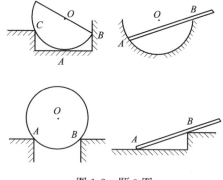

图 1-2　题 9 图

10. 如图 1-3 所示，细绳竖直拉紧，小球和光滑斜面接触，并处于平衡状态，则小球的受力是（　　）。

A. 重力、绳的拉力

B. 重力、绳的拉力、斜面的弹力

C. 重力、斜面的弹力

D. 绳的拉力、斜面的弹力

11. 如图 1-4 所示，物体 A 静止在斜面 B 上，下列说法正确的是（　　）。

A. 斜面 B 对物块 A 的弹力方向是竖直向上的

B. 物块 A 对斜面 B 的弹力方向是竖直向下的

C. 斜面 B 对物块 A 的弹力方向是垂直斜面向上的

D. 物块 A 对斜面 B 的弹力方向跟物块 A 恢复形变的方向是相同的

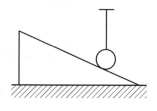

图 1-3　题 10 图

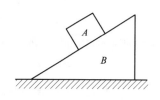

图 1-4　题 11 图

1.3 摩擦力

 学习目标

1. 掌握滑动摩擦力产生的条件，会判断滑动摩擦力的方向；

2. 理解滑动摩擦力的大小计算公式：$f=\mu N$，能运用公式计算滑动摩擦力；

3. 了解静摩擦力产生的条件，会判断静摩擦力的方向，了解最大静摩擦力的概念。

 重点难点

1. 滑动静摩擦力及规律；

2. 正确理解最大静摩擦力的概念。

知识诠释

1. 摩擦力及产生条件

（1）两个物体相互接触且相互间有挤压；

（2）两个物体接触面粗糙；

（3）两个物体有相对运动或相对运动趋势。

2. 滑动摩擦　一个物体在另一个物体表面上发生相对滑动时，要受到另一个物体阻碍它相对滑动的力，这个力叫滑动摩擦力。

（1）滑动摩擦力的方向　滑动摩擦力的方向总是跟接触面相切，并且跟物体相对运动的方向相反。注意滑动摩擦力的方向不是与物体运动方向相反。

（2）滑动摩擦力的大小　滑动摩擦力的大小与相互之间的压力 N 成正比，$f=\mu N$。

① 公式 $f=\mu N$ 中的 N 是两个物体表面间的压力，称为正压力，属于弹力。

② μ 摩擦因数：大小由相互接触的两个物体的材料特性和表面状况等因素决定，与两物体间压力及是否发生相对滑动无关，μ 没有单位。

③ 当物体沿平面滑动时，滑动摩擦力的大小与物体相对运动的速度大小无关，只要出现相对滑动，滑动摩擦力恒为 $f=\mu N$。

④ 滑动摩擦力可以充当阻力，也可以充当动力。

3. 静摩擦力　一个物体在另一个物体表面有相对运动趋势时所受到的摩擦力，叫静摩擦力。

（1）静摩擦力的方向　静摩擦力的方向跟接触面相切，并且跟物体相对运动趋势的方向相反。

（2）静摩擦力的大小　静摩擦力随推力的增大而增大。但是静摩擦力的增大有一个限度，静摩擦力的最大值 F_{max} 叫最大静摩擦力。两物体实际发生的静摩擦力 f 在零和最大静摩擦力 F_{max} 之间：$0 \leqslant f \leqslant F_{max}$。

学习指导

1. 摩擦力产生的条件

（1）两个物体相互接触且相互间有挤压；

（2）两个物体接触面粗糙；

（3）两个物体有相对运动或相对运动趋势。

2. 滑动摩擦力 大小：$f=\mu N$；滑动摩擦力的方向总是与接触面相切，且跟物体相对运动的方向相反。

3. 静摩擦力 静摩擦力是变化的力。大小：$0 \leqslant f \leqslant F_{max}$，静摩擦力的方向跟接触面相切，并且跟物体相对运动趋势的方向相反。

 典型例题

1. 关于静摩擦力，下列说法正确的是（　　）。

A. 只有静止的物体才可能受静摩擦力

B. 有相对运动趋势的相互接触的物体间有可能产生静摩擦力

C. 产生静摩擦力的两个物体间一定相对静止

D. 两个相对静止的物体间一定有静摩擦力产生

答案：BC

解析：对照产生静摩擦力的条件可以看出，选项 B、C 正确，而 D 错误。产生静摩擦力的两个物体之间一定"相对静止"，但物体不一定"静止"，例如当用传送带把货物由低处送往高处时，物体是运动的，但物体和传送带间相对静止，传送带对物体的摩擦力是静摩擦力，可见选项 A 错误。

2. 关于滑动摩擦力的产生，下列说法正确的是（　　）。

A. 只有相互接触且发生相对运动的物体间才可能产生滑动摩擦力

B. 只有运动的物体才可能受到滑动摩擦力

C. 受弹力作用的物体一定会受到滑动摩擦力

D. 受滑动摩擦力作用的物体一定会受到弹力作用

答案：AD

解析：对照产生滑动摩擦力的条件可以看出，选项 A、D 正确，而 C 错误。产生滑动摩擦力的条件之一是物体发生相对滑动，但物体并不一定运动，例如物体 A 用细绳固定在墙上，当把木板 B 水平向右抽出时（如图 1-5 所示），物体 A 保持静止，而此时它却受到木板 B 对它的滑动摩擦力，可见，选项 B 错误。

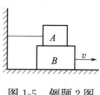

图 1-5　例题 2 图

3. 下列关于动摩擦因数的说法中，正确的是（　　）。

A. 物体越重，物体与水平支持面之间的动摩擦因数越大

B. 物体在一支持面上滑动，当支持面倾斜放置时，动摩擦因数比水平放置时小一些

C. 两个物体间的动摩擦因数是由两物体的材料和接触面的粗糙程度决定的，与滑动摩擦力和正压力大小无关

D. 两个物体间的动摩擦因数与滑动摩擦力成正比，与两物体间的正压力成反比

答案： C

4. 一物体置于粗糙水平地面上，按图1-6中所示不同的放法，在水平力 F 的作用下运动，设地面与物体各接触面的动摩擦因数相等，则木块受到的摩擦力的大小关系是（   ）。

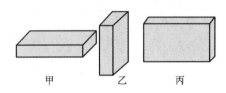

甲   乙   丙

图 1-6 例题 4 图

A. $F_{f甲} > F_{f乙} > F_{f丙}$ B. $F_{f乙} > F_{f甲} > F_{f丙}$

C. $F_{f丙} > F_{f乙} > F_{f甲}$ D. $F_{f甲} = F_{f乙} = F_{f丙}$

答案： D

解析： 滑动摩擦力的大小 $F = \mu N$ 与接触面积无关。

达标检测

1. 关于摩擦力产生的条件，下列说法正确的是（   ）。

A. 相互压紧的粗糙物体间总有摩擦力的

B. 相对运动的物体间总有摩擦力作用

C. 只要相互压紧并发生相对运动的物体间就有摩擦力作用

D. 只有相互压紧并发生相对滑动或有相对运动趋势的粗糙物体间才有摩擦力作用

2. 关于摩擦力的作用，有如下几种说法，其中说法正确的是（   ）。

A. 摩擦力总是阻碍物体间的相对运动或相对运动趋势

B. 摩擦力的方向与物体运动方向有时是一致的

C. 摩擦力的方向与物体运动方向总是在同一直线上的

D. 摩擦力的方向总是与物体间相对运动或相对运动趋势的方向相反

3. 下列关于弹力和摩擦力的说法中正确的是（   ）。

A. 相互接触的物体之间必有弹力作用

B. 相互有弹力作用的物体必定相互接触

C. 相互有弹力作用的物体之间必定有摩擦力存在

D. 相互有摩擦力作用的物体之间必定有弹力的作用

4. 关于静摩擦力，下列说法正确的是（   ）。

A. 两个相对静止的物体间一定有静摩擦力

B. 受静摩擦力作用的物体一定是静止的

C. 静摩擦力一定是阻力

D. 在压力一定的条件下，静摩擦力的大小是可以变化的，但有一个限度

5. 如图 1-7 所示，在动摩擦因数 $\mu = 0.1$ 的水平面上向右运动的物体，质量为 1kg，它受到水平向左的拉力 $F = 20N$ 作用，该物体受到的滑动摩擦力为（　　）。

A. 9.8N，方向水平向右　　　　　B. 9.8N，方向水平向左

C. 20N，方向水平向右　　　　　D. 20N，方向水平向左

6. 如图 1-8 所示，用水平力 F 把物体压在竖直墙壁上静止不动，设物体受墙的压力为 F_1，摩擦力为 F_2，则当水平力 F 增大时，下列说法中正确的是（　　）。

A. F_1 增大、F_2 增大　　　　　B. F_1 增大、F_2 不变

C. F_1 增大、F_2 减小　　　　　D. 条件不足、不能确定

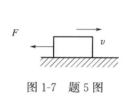

图 1-7　题 5 图　　　　　　　　　　　　　图 1-8　题 6 图

7. 下列关于滑动摩擦力的说法正确的是（　　）。

A. 滑动摩擦力的方向总是阻碍物体的运动并与物体的运动方向相反

B. 当动摩擦因数一定时，物体所受的重力越大，它所受的滑动摩擦力也越大

C. 有滑动摩擦力作用的两物体间一定有弹力作用，有弹力作用的二物体间不一定有滑动摩擦力作用

D. 滑动摩擦力总是成对产生的，两个相互接触的物体在发生相对运动时都会受到滑动摩擦力作用

8. 下列各种情况中哪些存在摩擦力（　　）。

A. 静放在水平地面上的木箱与地面之间

B. 用力平推放在地面上的柜子但没有动，柜脚与地面间

C. 拔河运动中运动员手与绳之间

D. 人在水平的地面上行走，人脚与地面之间

9. 如图 1-9 所示，甲、乙、丙三个物体质量相同，与地面的动摩擦因数相同，受到三个大小相同的作用力 F 而运动，则它们受到摩擦力大小关系是（　　）。

A. 三者相同　　　B. 乙最大　　　C. 丙最大　　　D. 条件不足无法确定

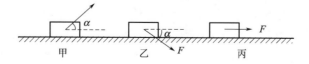

图 1-9　题 9 图

10. 如图 1-10 所示，在探究摩擦力的实验中，用弹簧测力计水平拉一放在水平桌面上的小木块，小木块的运动状态与弹簧测力计的读数如表 1-1 所示（每次实验时，木块与桌面的接触面相同）则由下表分析可知，下列哪些选项是正确的是（　　　　）。

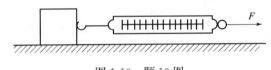

图 1-10　题 10 图

表 1-1　弹簧测力计的读数

实验次数	小木块的运动状态	弹簧测力计读数/N
1	静止	0.4
2	静止	0.6
3	直线加速	0.7
4	匀速直线	0.5
5	直线减速	0.3

A. 木块受到的最大摩擦力为 0.7N

B. 木块受到最大静摩擦力可能为 0.6N

C. 在这五次实验中，木块受到的摩擦力大小有三次是相同的

D. 在这五次实验中，木块受到摩擦力大小各不相同

1.4　力的合成

学习目标

1. 理解力的合成和合力的概念；

2. 掌握力的平行四边形定则，会用作图法求共点力的合力。

重点难点

1. 理解合力与分力的关系；

2. 力的平行四边形定则；

3. 合力的大小与分力间夹角的关系。

知识诠释

1. 合力和分力　合力和分力是等效替代的关系。

2. 共点力的合成　求几个共点力的合力叫力的合成。力的合成遵循平行四边形定则。

（1）力既有大小、又有方向，互成角度的力的合成遵守平行四边形定则。

平行四边形定则就是用表示两个力的有向线段为邻边作平行四边形，两邻边之间的对角线就表示合力的大小和方向。

（2）有三个或三个以上的共点力作用在物体上时，它们的合力可以先求出任意两个力的合力，再求出此合力跟第三个力的总合力。以此类推，直到求完为止。

（3）两个共点力的合力随夹角的变化而变化。

① 夹角为0°时，$F=F_1+F_2$。F 的方向与 F_1、F_2 的方向相同，合力最大；

② 夹角为180°时，$F=|F_1-F_2|$。F 的方向与两个力中较大的那个力方向相同，合力最小；

③ 夹角为任意角度时，$|F_1-F_2|\leqslant F\leqslant F_1+F_2$；

④ 夹角越大，合力越小；

⑤ 合力可能大于分力，也可能小于分力。

3. 矢量和标量 矢量指的是既有大小，又有方向的物理量，矢量运算遵守平行四边形定则。标量指的是只有大小，没有方向的物理量。标量运算遵守代数运算法则。

当几个力的方向在一条直线上时，力的方向可以用正负号表示出来。规定：若力的方向与选取的正方向一致，该力为正；反之为负。这样一来，几个在沿同一方向上的力合成时可以直接利用代数运算求出。应注意力的正负号只表示力的方向，而不是大小。

学习指导

1. 合力和分力是等效替代的关系；

2. 共点力的合成遵守平行四边形定则；

3. 矢量和标量：矢量运算遵守平行四边形法则，标量运算遵守代数运算法则。

达标检测

1. 关于两个大小不变的共点力与其合力的关系，下列说法正确的是（   ）。

A. 合力大小随着两力夹角的增大而增大

B. 合力大小一定大于分力中最大者

C. 两分力夹角小于180°时，合力随夹角的减小而增大

D. 合力不能小于分力中最小者

E. 合力 F 一定大于任一个分力

F. 合力的大小可能等于 F_1 也可能等于 F_2

G. 合力有可能小于任一个分力

2. 两个共点力，一个是40N，另一个未知，合力大小是100N，则另一个力可能是（   ）。

A. 20N   B. 40N   C. 80N   D. 150N

3. 两个共点力的夹角 θ 固定不变，其合力为 F，当其中一个力增大时，下述正确的是（   ）。

A. F 一定增大   B. F 矢量可以不变

C. F 可能增大，也可能减小   D. 当 $0<\theta<90°$，F 一定减小

4. 物体受到两个相反的力作用，二力大小 $F_1＝5N$、$F_2＝10N$，现保持 F_1 不变，将 F_2 从 10N 减小到零的过程，它们的合力大小变化情况是（　　　）。

A. 逐渐变小　　　　B. 逐渐变大　　　　C. 先变小后变大　　D. 先变大后变小

5. 有三个力：$F_1＝2N$，$F_2＝5N$，$F_3＝8N$，则（　　　）。

A. F_2 和 F_3 可能是 F_1 的两个分力

B. F_1 和 F_3 可能是 F_2 的两个分力

C. F_1 和 F_2 可能是 F_3 的两个分力

D. 上述结果都不对

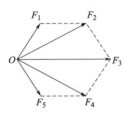

图 1-11　题 6 图

6. 如图 1-11 所示，有 5 个力作用于同一点 O，表示这 5 个力的有向线段恰好构成一个正六边形的两邻边和三条对角线，已知 $F_3＝10N$，则这 5 个力的合力大小为_____。

7. 同时作用在某物体上的两个力，大小分别为 6N 和 8N，当这两个力之间的夹角由 0°逐渐增大至 180°时，这两个力的合力将由最大值_____逐渐变到最小值_____。

8. 作用在同一物体上的三个力，它们的大小都等于 5N，任意两个相邻力之间的夹角都是 120°，如图 1-12 所示，则这三个力合力为_____；若去掉 F_1，而 F_2、F_3 不变，则 F_2、F_3 的合力大小为_____，方向为_____。

9. 六个共点力的大小分别为 F、$2F$、$3F$、$4F$、$5F$、$6F$，相互之间夹角均为 60°，如图 1-13 所示，则它们的合力大小是_____，方向_____。

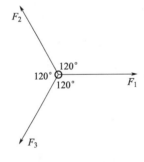

图 1-12　题 8 图

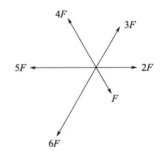

图 1-13　题 9 图

10. 有两个大小相等的共点力 F_1 和 F_2，当它们间的夹角为 90°时合力为 F，则当它们夹角为 120°时，合力的大小为_____。

11. 在研究两个共点力合成的实验中得到如图 1-14 所示的合力 F 与两个分力的夹角的关系图，问：

（1）两个分力的大小各是多少？

（2）合力的变化范围是多少？

12. 已知三个力 $F_1＝20N$、$F_2＝30N$、$F_3＝40N$，

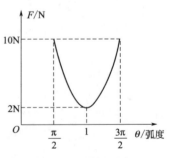

图 1-14　题 11 图

作用在物体同一点上,它们之间的夹角为120°,求合力的大小和方向。

1.5 力的分解

学习目标

1. 理解力的分解和分力的概念;
2. 理解力的分解是力的合成的逆运算;
3. 会用作图法求分力,会用直角三角形的知识计算分力。

重点难点

1. 力的分解是力的合成的逆运算;
2. 力的正交分解法;
3. 如何判定力的作用效果及分力方向的确定。

知识诠释

1. 分力 几个力如果它们产生的效果跟原来的一个力产生的效果相同,这几个力就是原来那个力的分力。

2. 力的分解 求一个已知力的分力叫力的分解。力的分解也遵循平行四边形定则。力的分解是力的合成的逆运算。

在实际问题中,往往根据情况按力的作用效果进行分解。

3. 力的分解的讨论

① 已知合力的大小和方向及它的两个分力的方向,则这两个分力的大小唯一确定。

② 已知合力的大小和方向及它的一个分力的大小和方向,则另一分力的大小、方向唯一确定。

③ 已知一个分力的大小和方向、合力的方向以及另一个分力的方向,则合力和另一个分力的大小唯一确定。

学习指导

1. 力的分解中定解条件的确定 根据力的平行四边形定则,将一个力 F 分解为两个力,就是以这个力 F 为平行四边形的一条对角线作一个平行四边形。在无附加条件限制时,可以做无数个不同的平行四边形。这说明尽管两个力的合力是唯一的,但一个力的分力不是唯一的。要确定一个力的唯一两个分力,一定要有定解条件。按力的效果进行分解,这实际上就是一个定解条件。按问题需要进行分解,在解决实际问题时,可以根据具体问题对力进行分解,这个具体问题就是定解条件。

对力进行分解时,首先要弄清定解条件,根据定解条件作出平行四边形或三角形，再根据几何知识求解。

2. 力的正交分解 将一个力分解为两个互相垂直的分力的方法称为力的正交分解法。力的正交分解法是力学问题中处理力的最常用的方法。

3. 合力和分力的关系

（1）合力和分力是等效替代的关系，不能同时共存。也就是说，在考虑了分力后，就不能再重复考虑合力；

（2）分解力时，应注意分力与合力的受力物体相同。

达标检测

1. 下列说法中错误的是（   ）。

A. 一个力只能分解成唯一确定的一对分力

B. 同一个力可以分解为无数对分力

C. 已知一个力和它的一个分力，则另一个分力有确定值

D. 已知一个力和它的两个分力方向，则两分力有确定值

2. 已知某力的大小为 10N，则不可能将此力分解为下列哪组力（   ）。

A. 3N、3N   B. 6N、6N   C. 100N、100N   D. 400N、400N

3. 物体在斜面上保持静止状态，下列说法中正确的是（   ）。

① 重力可分解为沿斜面向下的力和对斜面的压力

② 重力沿斜面向下的分力与斜面对物体的静摩擦力是一对平衡力

③ 物体对斜面的压力与斜面对物体的支持力是一对平衡力

④ 重力垂直于斜面方向的分力与斜面对物体的支持力是一对平衡力

A. ①②   B. ①③   C. ②③   D. ②④

4. 物体静止于光滑水平面上，力 F 作用于物体上的 O 点，现要使合力沿着 OO' 方向，如图 1-15 所示，则必须同时再加一个力 F'，如 F 和 F' 均在同一水平面上，则这个力的最小值为（   ）。

A. $F\cos\theta$ B. $F\sin\theta$ C. $F\tan\theta$ D. $F\cot\theta$

5. 三段不可伸长的细绳 OA、OB、OC 能承受的最大拉力相同，它们共同悬挂一重物，如图 1-16 所示，其中 OB 是水平的，A 端、B 端固定，若逐渐增加 C 端所挂物体的质量，则最先断的绳是（   ）。

A. 必定是 OA B. 必定是 OB

C. 必定是 OC D. 可能是 OB，也可能是 OC

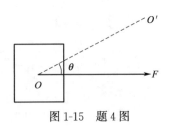

图 1-15 题 4 图

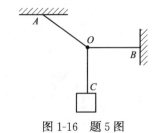

图 1-16 题 5 图

6.一质量为 m 的物体放在水平面上，在与水平面成 θ 角的力 F 的作用下由静止开始运动，物体与水平面间的动摩擦因数为 μ，如图 1-17 所示，则物体所受摩擦力 F_f（　　）。

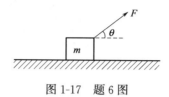

图 1-17　题 6 图

A. $F_f < \mu mg$　　　　B. $F_f = \mu mg$　　　　C. $F_f > \mu mg$　　　　D. 不能确定

7.把一个力 F 分解成相等的两个分力，则两个分力的大小可在_____到_____的范围内变化，_____越大时，两个分力越大。

8.重力为 G 的物体放在倾角为 α 的固定斜面上，现对物块施加一个与斜面垂直的压力 F，如图 1-18 所示，则物体对斜面的压力的大小为_____。

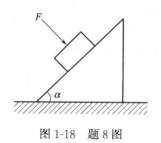

图 1-18　题 8 图

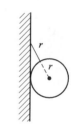

图 1-19　题 9 图

9.如图 1-19 所示，一半径为 r 的球重为 G，它被长为 r 的细绳挂在光滑的竖直墙壁上，求：

（1）细绳拉力的大小；

（2）墙壁受的压力的大小。

10.在一实际问题中进行力的分解时，应先弄清该力产生了怎样的效果，然后再分解这个力，如图 1-20 所示的三种情况中，均匀球都处于静止状态，各接触面光滑，为了讨论各接触面所受的压力，应该怎样对重力进行分解？若球的质量为 m，将重力分解后，它的两个分力分别为多大？（已知斜面倾角为 α）

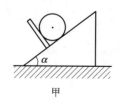

甲

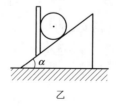

乙

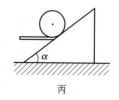

丙

图 1-20　题 10 图

1.6 物体的受力分析

学习目标

1. 掌握物体受力分析的方法，理解物体受力图；
2. 初步掌握物体受力分析的一般方法，加深对力的概念理解。

重点难点

物体受力分析方法是学习物理学的关键。

知识诠释

1. 对物体进行受力分析，是解决力学问题的关键。受力分析的方法和步骤：①明确研究对象，即明确分析哪个物体的受力情况；②隔离研究对象，将研究对象从周围物体中隔离出来，并分析周围有哪些物体对研究对象施加力的作用；③分析受力顺序是：先重力，后弹力和摩擦力，最后画出受力示意图。

2. 受力分析时要注意防止"漏力"和"添力"，按顺序进行受力分析是防止"漏力"的最有效的措施。寻找施力物体是防止"添力"的重要方法之一，同时还要深刻理解"确定研究对象"的含义，以防止把研究对象施于另外物体的力错加在研究对象上。

学习指导

1. 明确研究对象　在进行受力分析时，研究对象可以是某一个物体，也可以是保持相对静止的若干个物体。在解决比较复杂的问题时，灵活地选取研究对象可以使问题简洁地得到解决。研究对象确定以后，只分析研究对象以外的物体施与研究对象的力，而不是分析研究对象施与外界的力。

2. 按顺序找力　必须先画场力（重力、电场力、磁场力），后画接触力；接触力中必须先弹力，后摩擦力（只有在有弹力的接触面之间才可能有摩擦力）。

3. 只画性质力，不画效果力　画受力图时，只能按力的性质分类画力，不能按作用效果（拉力、压力、向心力等）画力，否则将出现重复。

4. 需要合成或分解时，必须画出相应的平行四边形（或三角形）　在解同一个问题时，分析了合力就不能再分析分力；分析了分力就不能再分析合力，千万不可重复。

达标检测

1. 如图1-21所示，分析满足下列条件的各个物体所受的力，并指出各个力的施力物体。

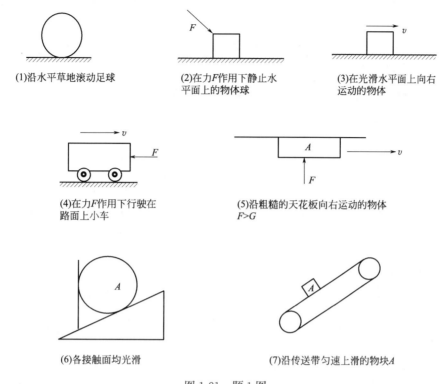

(1)沿水平草地滚动足球

(2)在力F作用下静止水平面上的物体球

(3)在光滑水平面上向右运动的物体

(4)在力F作用下行驶在路面上小车

(5)沿粗糙的天花板向右运动的物体 F>G

(6)各接触面均光滑

(7)沿传送带匀速上滑的物块A

图 1-21 题 1 图

2. 如图 1-22 所示，对下列各种情况下的物体 A 进行受力分析。

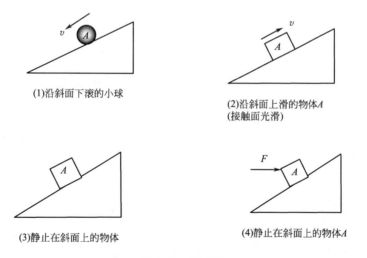

(1)沿斜面下滚的小球

(2)沿斜面上滑的物体A (接触面光滑)

(3)静止在斜面上的物体

(4)静止在斜面上的物体A

图 1-22 题 2 图

3. 对下列各种情况下（图 1-23）的物体 A 进行受力分析，在下列情况下接触面均不光滑。

4. 如图 1-24 对下列各种情况下的 A、B 进行受力分析（各接触面均不光滑）。

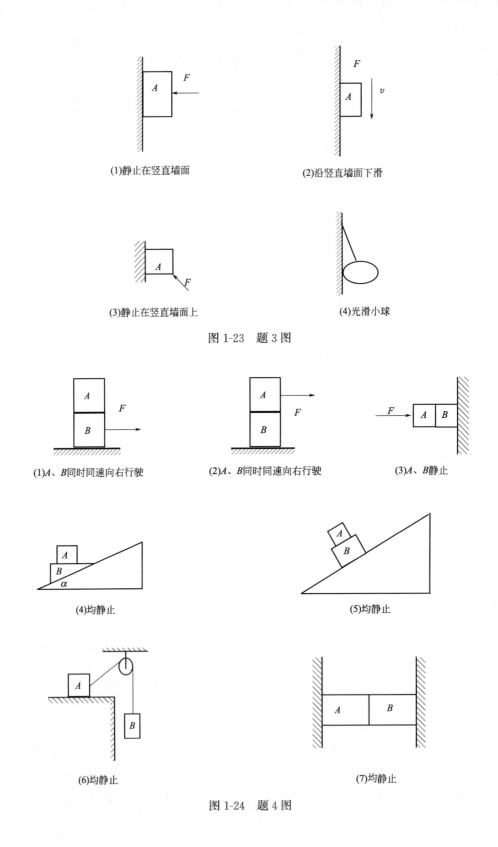

(1)静止在竖直墙面

(2)沿竖直墙面下滑

(3)静止在竖直墙面上

(4)光滑小球

图 1-23　题 3 图

(1)A、B同时同速向右行驶

(2)A、B同时同速向右行驶

(3)A、B静止

(4)均静止

(5)均静止

(6)均静止

(7)均静止

图 1-24　题 4 图

1.7 共点力作用下物体的平衡

学习目标

1. 能正确判断物体所受外力是否为共点力，知道共点力作用下物体平衡的概念；

2. 理解共点力平衡的条件；通过实例分析，初步学会利用共点力平衡条件与物体受力分析以及用力的合成和分解等知识解决平衡问题。

重点难点

1. 共点力作用下物体平衡条件的应用；

2. 通过共点力的平衡条件进一步理解合力与分力的关系。

知识诠释

1. 共点力　几个力作用于物体的同一点或它们的作用线交于同一点（该点不一定在物体上），这几个力叫共点力。

2. 共点力的平衡条件　在共点力作用下物体的平衡条件是合力为零。即 $F_合=0$。

3. 关于共点力平衡的讨论

（1）当物体在两个共点力作用下平衡时，这两个力一定等值反向；

（2）当物体在三个共点力作用下平衡时，往往采用平行四边形定则或三角形定则；任意两个力的合力与第三个力等值反向；

（3）当物体在四个或四个以上共点力作用下平衡时，往往采用正交分解法，两垂直分解方向的分力互为等值反向力。

学习指导

1. 解决共点力的平衡问题的基本思路

（1）根据问题的要求和计算方便，恰当地选择研究对象。

所谓"恰当"，就是要使命题给定的已知条件和待求的未知量，能够通过所选研究对象的平衡条件尽量联系起来。

（2）对研究对象进行受力分析，画出受力图。

（3）通过平衡条件，找出各个力之间的关系，把已知量和未知量联系起来。

在列平衡方程时，选择恰当的表达式，可以使问题的解答变得容易。在解共点力平衡的问题中，经常用的方法是力的合成与分解及正交分解法。

（4）求解，必要时对解进行讨论。

2. 解决共点力平衡问题的基本方法

（1）正交分解法：其平衡条件是合外力的正交分量均为零，即

$$\sum F_x = F_{1x} + F_{2x} + \cdots + F_{nx} = 0$$

$$\sum F_y = F_{1y} + F_{2y} + \cdots + F_{ny} = 0$$

（2）相似三角形法：解三力平衡问题，一般是根据平衡条件，将三个平衡力转化为三角形的三条边，然后利用解三角形的方法进行求解。

典型例题

例题 倾角为 θ 的斜面上有质量为 m 的木块，它们之间的动摩擦因数为 μ，现用水平力 F 推动木块，如图 1-25 所示，使木块恰好沿斜面向上做匀速运动，若斜面始终保持静止，求水平推力 F 的大小。

解析：分析物体受力情况如图 1-26 所示：由于物体处于平衡状态，则有：

沿斜面方向：$F\cos\theta = f + mg\sin\theta$

垂直与斜面方向：$N = F\sin\theta + mg\cos\theta$

又 $f = \mu N$

解得：$F = \dfrac{(\sin\theta + \mu\cos\theta)mg}{\cos\theta - \mu\sin\theta}$

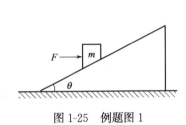

图 1-25　例题图 1

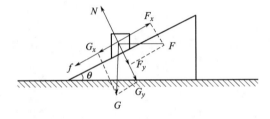

图 1-26　例题图 2

【规律总结】 多力平衡问题宜采用正交分解法，采用正交分解法时，建立坐标系的原则是让尽可能多的力落在坐标轴上。

达标检测

1. 下列关于物体处于平衡状态的论述，正确的是（ ）。

A. 物体一定不受力的作用 　　　B. 物体所受的合力为零

C. 物体一定没有速度 　　　　　D. 物体一定保持静止

2. 下列各组的三个点力，可能平衡的有（ ）。

A. 3N，4N，8N 　　　　　　　　B. 3N，5N，7N

C. 1N，2N，4N 　　　　　　　　D. 7N，6N，13N

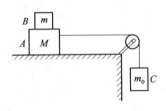

图 1-27　题 3 图

3. A、B、C 三物体质量分别为 M、m、m_0，按图 1-27 连接，绳子不可伸长，且绳子和滑轮的摩擦均不计，若 B 随 A 一起沿水平桌面向右做匀速运动，则可以断定（ ）。

A. 物体 A 与桌面之间有摩擦力，大小为 $m_0 g$

B. 物体 A 与 B 之间有摩擦力，大小为 $m_0 g$

C. 桌面对 A、B 对 A，都有摩擦力，方向相同，大小均为 m_0g

D. 桌面对 A、B 对 A，都有摩擦力，方向相反，大小均为 m_0g

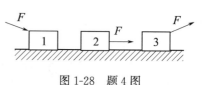

图 1-28 题 4 图

4. 如图 1-28 所示，三个完全相同的木块放在同一个水平面上，木块和水平面的动摩擦因数相同，分别给它们施加一个大小为 F 的推力，其中给第 1、3 两木块的推力与水平方向的夹角相同，这时三个木块都保持静止. 比较它们和水平面间的弹力大小 N_1、N_2、N_3 和摩擦力大小 f_1、f_2、f_3，下列说法中正确的是（　　）。

A. $N_1>N_2>N_3$，$f_1>f_2>f_3$

B. $N_1>N_2>N_3$，$f_1=f_3<f_2$

C. $N_1=N_2=N_3$，$f_1=f_2=f_3$

D. $N_1>N_2>N_3$，$f_1=f_2=f_3$

5. 如图 1-29 所示，物体受到与水平方向成 30° 角的拉力 F 作用向左做匀速直线运动，则物体受到的拉力 F 与地面对物体的摩擦力的合力是（　　）。

A. 向上偏左　　　　　　　　B. 向上偏右

C. 竖直向上　　　　　　　　D. 竖直向下

6. 如图 1-30 所示，位于斜面上的物块在沿斜面向上的力的作用下，处于静止状态，则斜面作用于物块的静摩擦力（　　）。

A. 方向可能沿斜面向上　　　B. 方向可能沿斜面向下

C. 大小可能等于零　　　　　D. 大小可能等于 F

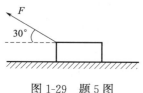

图 1-29 题 5 图

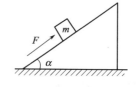

图 1-30 题 6 图

7. 如图 1-31 在水平力 F 的作用下，重为 G 的物体沿竖直墙壁匀速下滑，物体与墙之间的动摩擦因数为 μ，物体所受摩擦力大小为（　　）。

A. μF　　　　B. $\mu(F+G)$　　　　C. $\mu(F-G)$　　　　D. G

图 1-31 题 7 图

8. 三个力共同作用于同一物体，使物体做匀速直线运动，已知 $F_1=9N$、$F_2=10N$，则 F_3 的大小范围是_____，F_3 和 F_1 的合力为_____N，方向为

_____。

1.8 力矩和力矩的平衡

学习目标

1. 理解有固定转动轴的物体的平衡条件；
2. 能应用力矩平衡条件处理有关问题。

重点难点

1. 力矩平衡条件的应用；
2. 用力矩平衡条件如何正确地分析和解决问题。

知识诠释

1. 定轴转动　定轴转动指物体绕一个固定的直线转动。这条直线称转轴。如风扇转动、电机叶轮运动等都是定轴转动。

2. 力矩　力和力臂的乘积叫做力矩。力矩是改变转动状态的原因。

$$M = Fr$$

物体受到力矩的作用，其转动速度或转动方向要发生变化。

一般规定，在定轴转动中，使物体沿逆时针方向转动的力矩取正值，使物体沿顺时针方向转动的力矩取负值。

3. 力矩的平衡　有固定转轴的物体处于平衡状态（静止或匀速转动）时，其所受到的力矩的代数和为零。

$$\sum M = M_1 + M_2 + \cdots + M_n = 0$$

达标检测

1. 下列关于力矩的叙述中正确的是（　　）。

A. 使物体保持静止状态的原因

B. 是物体转动的原因

C. 是物体转动状态改变的原因

D. 杆状物体的平衡只能是在力矩作用下的力矩平衡

2. 如图 1-32 所示，ON 杆可以在竖直平面内绕 O 点自由转动，若在 N 端分别沿图示方向施力 F_1、F_2、F_3，杆均能静止在图示位置上. 则三力的大小关系是（　　）。

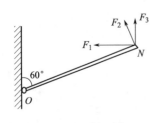

图 1-32　题 2 图

A. $F_1 = F_2 = F_3$　　　　　　B. $F_1 > F_2 > F_3$

C. $F_2 > F_1 > F_3$　　　　　　D. $F_1 > F_3 > F_2$

3.一段粗细不均匀的木棍如图 1-33 所示，支在某点恰好平衡，若在该处将木棍截成两段，则所分成两段的重必定是（　　　）。

A.相等

B.细段轻、粗段重

C.细段重、粗段轻

D.不能确定

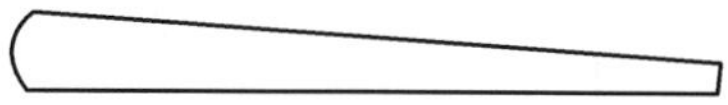

图 1-33　题 3 图

4.一根均匀的木棒长 1m，在棒的左端挂一个质量为 6kg 的物体，然后在距棒左端 0.2m 处将棒支起，棒恰平衡，则棒的质量是_____。

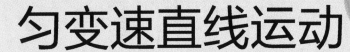

第2章

匀变速直线运动

本章从直线运动入手，以匀变速直线运动为中心，研究机械运动的描述方法，建立描述机械运动的物理量——位移、速度、加速度等，总结匀变速直线运动的规律和应用，首次提出质点、自由落体运动等物理模型。通过本章的学习，同学们不仅要掌握匀变速直线运动的规律，而且更重要的是理解运动描述的方法，领会物理科学研究思想，培养和提高独立分析问题解决问题的能力和逻辑思维能力。

2.1 位移和路程

学习目标

1. 理解参考系和运动描述的相对性；
2. 理解质点概念；
3. 理解位移和路程，时间和时刻概念。

知识诠释

1. 机械运动　物体之间相对位置的变化称为机械运动。机械运动是各种运动形式中最基本最简单的运动。复杂的运动形式可以看作机械运动的合成。因此，对机械运动的研究具有重要作用。

2. 参考系　在描述物体机械运动时，必须选择一个标准物体，这个被选作标准的物体称为参考系。参考系的选择是任意的。但选择不同的参考系观察同一物体运动时，其结果往往不同。为此，在选择参考系时应以观察方便和描述简单为依据，通常情况下，研究地球上物体运动时，常选择大地为参考系。

3. 运动描述的相对性 运动是绝对的，静止是相对的。但在描述物体机械运动时，当选择了不同的参考系，同一物体运动描述情形不同，这就是运动描述的相对性。

4. 质点 质点是一个理想模型，是为了研究问题的方便、简单而对实际物体的简化。质点模型突出了物体具有质量和占有一定位置的特性，忽略了物体形状对运动的影响。

物体能否看作质点，应根据具体研究的运动情形而确定。平动的物体一般可以看作质点；物体有转动，但相对平动可以忽略时，物体可以看作质点。例如研究汽车运动快慢时，可以将汽车看作质点来处理；再者当物体的大小和形状对所研究的问题影响可以忽略时，可以把物体当作质点。但应注意并不是很小的物体就一定能看作质点。

5. 位移和路程 位移是描述物体位置变化的大小和方向，是矢量；路程是物体实际运动路径的长度，只有大小没有方向，是标量。只有在单向直线运动中，位移的大小等于路程。

6. 时间和时刻 时刻与物体的位置相对应，时间与物体的运动路程相对应。在时间轴上，时间表示的是一个区间段，时刻表示的是一个确定的点。例如第 2s、第 3s 等表示的是 1s 的时间，而第 2s 末和第 3s 初表示的是同一时刻。

 典型例题

一辆汽车从 A 点出发，向东行驶了 40km，到达 C 点，又向南行驶了 30km 到达 B 点，此过程中它通过的路程多大？它的位移大小、方向如何？

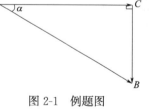

图 2-1 例题图

解析：如图 2-1 所示，路程为标量，是质点运动轨迹的长度，故汽车在上述过程中通过的路程为 $AC+BC$，即 70km；位移为矢量，可用从初位置 A 到末位置 B 的有向线段 AB 来表示，故汽车在上述过程中的位移大小为 $\sqrt{AC^2+BC^2}=50km$，$\alpha=\arcsin\dfrac{3}{5}$，即汽车位移方向为东偏南成 $\alpha=\arcsin\dfrac{3}{5}$ 的角。

 达标检测

1. 太阳从东方升起，是以_____作参考系的。

2. 坐在长途汽车上的乘客，看见前面的卡车与他的距离保持不变，后面的摩托车离他越来越远，若以卡车为参考系，长途汽车是_____的，摩托车是_____的。

3. 有位诗人坐船远眺，写下了著名诗词"满眼风光多闪烁，看山恰似走来迎，仔细看山山不动，是船行。"诗人在诗词中前后两次对山运动的描述，所选的参考系分别是（　　）。

　　A. 风和水　　　　B. 船和地面　　　　C. 山和船　　　　D. 风和地面

4. 李白在诗句："两岸青山相对出，孤帆一片日边来。"这两句诗中描写"青山"和"孤帆"运动所选的参考系分别是（　　）。

　　A. 帆船和河岸　　B. 河岸和帆船　　C. 青山和太阳　　D. 青山和划船的人

5. 小明同学坐在公园的过山车上，过山车高速运动时，小明看到地面上的人和建筑物都在旋转。他选取的参考系是（　　）。

　　A. 地面上的人　　B. 建筑物　　　　C. 过山车　　　　D. 过山车轨道

6. 以下说法中正确的是（　　）。

　　A. 两个物体通过的路程相同，则它们的位移大小也一定相同

　　B. 两个物体通过的路程不相同，但位移的大小和方向可能都相同

　　C. 一个物体在某一方向运动中，其位移大小可能大于所通过的路程

　　D. 如物体做单一方向的直线运动，位移的大小就等于路程

7. 关于位移和路程，下述说法正确的是（　　）。

　　A. 位移的大小与路程相等，只是位移有方向

　　B. 位移比路程小

　　C. 位移用来描述直线运动，路程用来描述曲线运动

　　D. 位移取决于物体始末位置间的距离和方向

8. 小球从 3m 高处落下，被地板弹回，在 1m 高处被接住，那么，小球通过的路程和位移的大小分别是（　　）。

　　A. 4m，3m　　　B. 3m，1m　　　C. 3m，2m　　　D. 4m，2m

9. 如图 2-2 所示，物体沿半径为 R 的半圆弧线由 A 运动到 C，则它的位移和路程分别为（　　）。

　　A. 0，0　　　　　　　　　　　　B. $4R$ 由 $A \rightarrow C$，$4R$

　　C. $4R$ 由 $A \rightarrow C$，$2\pi R$　　　　　D. $4\pi R$，由 $A \rightarrow C$，$4R$

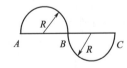

图 2-2　题 9 图

10. 下列关于位移和路程关系的正确说法是（　　）。

　　A. 物体沿直线向某一方向运动，通过的路程就是位移

　　B. 物体沿直线运动，通过的路程等于位移的大小

　　C. 物体通过的路程不等，位移可能相同

　　D. 物体通过一段路程，位移不可能为零

11. 关于质点的位移和路程，下列说法正确的是（　　）。

A. 位移是矢量，位移的方向即质点的运动方向

B. 路程是标量，路程即位移的大小

C. 质点做单向直线运动时，路程等于位移的大小

D. 位移大小不会比路程大

12. 下列分析中涉及研究位移的是（　　　）。

A. 交管部门在对车辆年检中，了解汽车行程计量值

B. 指挥部通过卫星搜索小分队深入敌方阵地的具体位置

C. 运动员王军霞在第 26 届奥运会上创造了女子 5000m 的奥运会纪录

D. 高速公路路牌标示"上海 80km"

13. 时间和时刻是两个不同的概念。要注意区分第几秒初、第几秒末、第几秒、几秒内、前几秒、后几秒、后几秒初等概念。

其中属于时刻概念的有＿＿＿＿＿＿＿＿＿＿＿＿；

属于时间概念的有＿＿＿＿＿＿＿＿＿＿＿＿。

14. 第 5s 内表示的是＿＿＿＿＿＿ s 的时间，第 5s 末和第 6s 初表示的是＿＿＿＿＿＿时刻，5s 内和第 5s 内表示的是＿＿＿＿＿＿的时间。

15. 小球从 A 点出发，沿半径为 r 的圆周转动。则当小球转过 1.25 周时所发生的位移的大小是＿＿＿＿＿＿，小球所通过的路程是＿＿＿＿＿＿。

16. 甲、乙两人从同一地点出发，甲向北前进 300m，乙向西前进 400m，则甲相对于乙的位移的大小和方向如何？

17. 一辆汽车从 A 点出发，向东行驶了 40km，到达 C 点，又向南行驶了 30km 到达 B 点，此过程中它通过的路程多大？它的位移大小、方向如何？

2.2 匀速直线运动

学习目标

1. 理解匀速运动速度概念；

2. 理解描述运动的图像法、公式法和文字表述法。

知识诠释

1. 匀速运动　物体沿直线运动，在相等的时间内通过的位移都相等，这样的运动称为匀速直线运动。在这里应注意"均匀"的表达是"相等的时间内位移相等"，另外还应注意到这里利用位移代替了初中物理中的路程，二者并不矛盾。位移更能体现物体位置变化的大小和方向。我们知道在单向直线运动中，位移的大小等于路程，所以这里关于匀速运动的定义与初中物理是一脉相承的。

2. 速度　在匀速运动中，位移与时间的比值叫做匀速运动的速度。速度是描述运

动快慢和运动方向的物理量，既有大小，又有方向，是矢量。速度与运动位移大小、时间长短无关。应注意理解比值定义物理量的方法。正如同密度是反映物质性质的量，与物体质量和体积无关一样。

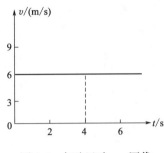

图 2-3　匀速运动 v-t 图像

3. 匀速运动的规律　匀速运动时速度大小和方向不变的运动，其位移和时间的关系是 $s = vt$。

4. 匀速运动的 v-t 图像　运动的规律不仅可以用文字描述，利用公式来表达，而且还可以用图像直观表示。图像法是描述运动的常用方法。如图 2-3 所示，运动的图像可以通过实验观察得到，也可以由运动公式而来。运动图像是具有一定物理意义的数学函数图像，但又不同于数学图像。

 学习指导

本节内容虽然简单，但应注意学习描述运动的三种方法——文字叙述、公式法、图像法。

 达标检测

1.一辆做匀速直线运动的汽车，在 5min 内行驶了 3km，则这辆汽车的速度是_____ m/s，这辆汽车在运动到第 5s 末那个时刻的速度为_____ km/h。

2.关于匀速直线运动，下列说法正确的是（　　　）

A. 速度与路程成正比

B. 速度与时间成反比

C. 速度的大小与路程和时间的大小无关

D. 路程与速度无关

3.一艘驱逐舰用 90km/s 的速度追赶在它前面 120km 处的正在匀速航行（同方向）的航空母舰，驱逐舰追了 270km 才追上，问航空母舰的航行速度是多少？

4.三个人进行竞走比赛，他们三人的速度分别为：甲为 3.5km/h，乙为 63 m/min，丙为 1m/s。问三人中走得最快的是哪一个？

2.3　变速直线运动

学习目标

1.理解平均速度和瞬时速度概念；

2.理解速度和速率的区别。

知识诠释

1. 变速直线运动 物体沿直线运动，如果在相等的时间内通过的位移不相等，这种运动就叫做变速直线运动。变速直线运动是常见的运动形式之一。严格来讲，我们看到的交通工具的运动都是变速运动。匀速运动时理想情形。对变速直线运动的定义，是与匀速运动对照来的，因此，可以结合匀速运动来理解变速直线运动。

2. 平均速度和平均速率 平均速度是描述变速运动中某段时间内或某段位移内的平均快慢程度的物理量。因而，它只是粗略地反映运动的快慢。平均速度的方向与发生的位移方向相同。平均速度是某段时间内物体运动的路程与时间的比值，因此，平均速率只有大小没有方向，是标量。一般情况下，平均速度的大小不等于平均速率。

3. 瞬时速度和速率 运动物体在某时刻的运动速度叫瞬时速度。它可以用速率计来测量，另一方面，也可以用在某位置附近很短时间或很小位移上的平均速度来表示。例如在气垫导轨上的实验中，我们就用滑块在1cm上的平均速度表示滑块的瞬时速度。瞬时速度是精确描述变速运动快慢和运动方向的物理量。瞬时速度的方向就是物体的运动方向。瞬时速度的大小叫瞬时速率。

学习指导

正确理解平均速度和瞬时速度概念是学习的关键。平均速度等于位移与时间的比值，一般不等于两个瞬时速度的平均值。

1. 下列关于平均速度的说法中，正确的是（ ）。

A. 平均速度反映物体的位置

B. 平均速度只能大体反映物体运动的快慢

C. 平均速度可以精确反映物体在某一位置运动快慢的程度

D. 平均速度可以精确反映物体在某一时刻运动快慢的程度

2. 平均速度是表示运动物体在_____的运动快慢程度。瞬时速度是表示运动物体在_____的速度。

3. 下列说法中正确的是（ ）。

A. 瞬时速度只能描述一段路程内物体的运动情况

B. 瞬时速度只能描述匀速直线运动中物体运动的快慢

C. 平均速度可以准确反映物体在各个时刻的运动情况

D. 平均速度只能反映物体在一段时间内的运动情况

4. 在"龟兔赛跑"的寓言故事中，乌龟成为冠军，而兔子名落孙山。其原因是（ ）。

A. 乌龟在任何时刻的瞬时速度都比兔子快

B. 兔子在任何时刻的瞬时速度都比乌龟快

C. 乌龟跑完全程的平均速度大

D. 兔子跑完全程的平均速度大

5. 一运动物体通过 240m 的路程，前一半路程用了 1min，后一半路程用了 40s，求：

（1）前一般路程中的平均速度_____；

（2）后一半路程中的平均速度_____；

（3）全程的平均速度_____。

6. 某运动员百米赛跑的成绩是 10s，他到达终点时的速度是 14m/s，他百米赛跑的平均速度是_____ m/s。

7. 一个做直线运动的物体，4s 内通过 20m 的距离，那么，它在前 2s 内速度一定是（　　）。

A. 5m/s　　　　B. 10m/s　　　　C. 80m/s　　　　D. 无法确定

8. 小明的玩具车在平直的轨道上运动，小车在第一秒通过 3m，第二秒通过 5m，第三秒通过 7m，则小车在前两秒和全程的平均速度分别是（　　）。

A. 4m/s，5m/s　　B. 5m/s，8m/s　　C. 4m/s，3m/s　　D. 4m/s，7m/s

9. 上海浦东高速磁悬浮铁路正线全长 30km，将上海市区与东海之滨的浦东国际机场连接起来，单向运行时间约 8min。运行时，磁浮列车与轨道间约有 10mm 的间隙，这就是浮起的高度。除启动加速和减速停车两个阶段外，列车大部分时间的速度为 300km/h，达到最高设计速度是 430km/h 的时间有 20s。列车在整个运行过程中的平均速度是_____ m/s。

10. 李强同学在乘长途汽车旅行时，注意观察公路旁边的里程碑，并将观察结果记录下来。

（1）从记录数据可以看出，汽车做的_____（填"是"或"不是"）匀速直线运动。

（2）这辆汽车在该同学观察这段时间内的平均速度是_____ km/h。

观察次数	1	2	3	4	5
里程碑示数	20km	30km	40km	50km	60km
记录时间	8h20min05s	8h35min00s	8h50min50s	9h05min20s	9h20min05s

2.4 匀变速直线运动

学习目标

1. 理解匀变速直线运动概念；
2. 掌握匀变速直线运动的加速度概念；
3. 会计算匀变速直线运动的加速度。

知识诠释

1. 匀变速直线运动　物体沿直线运动，如果在相等的时间内，速度的变化（增加或减小）都相等，这种运动叫做匀变速直线运动。匀变速直线运动包括速度均匀增加的匀加速直线运动和速度均匀减小的匀减速直线运动。所谓"均匀变化"指在相等时间内速度的增加量或减小量相等。这里可以与匀速运动类比来理解"匀变速"的意思。

2. 匀变速直线运动的加速度　加速度是描述物体运动速度改变快慢的物理量。在匀变速直线运动中，加速度等于单位时间内速度变化量，也就是速度的变化率。加速度不仅有大小而且有方向，是矢量。加速度的方向与速度改变量的方向相同，并不一定就是物体运动方向。加速度与速度、速度的改变量无关。速度大，加速度不一定大；速度很小时，加速度不一定小。在匀变速直线运动中，当选取了正方向后，加速度的方向可以用正负号来表示。

学习指导

加速度是联系运动学和动力学的纽带。加速度概念的建立需要在以后的课程中逐步加深。这里重点应放在加速度的物理意义以及严格区别加速度、速度和速度变化量概念上来。

典型例题

例题 1　下列说法中正确的是（　　　）。

A. 物体运动的速度越大，加速度也一定越大

B. 物体的加速度越大，它的速度一定越大

C. 加速度就是"加出来的速度"

D. 加速度反映速度变化的快慢，与速度无关

分析：物体运动的速度很大，若速度的变化很小或保持不变（匀速直线运动），其加速度不一定大（匀速直线运动中的加速度等于零）。A错。

物体的加速度大，表示速度变化得快，即单位时间内速度变化量大，但速度的数值未必大。比如婴儿，单位时间（比如 3 个月）身长的变化量大，但绝对身高并不高。B错。

"加出来的速度"是指 $v_t - v_0$（或 Δv），其单位还是 m/s。加速度是"加出来的速度"与发生这段变化时间的比值，可以理解为"数值上等于每秒内加出来的速度"。C错。

加速度的表达式中有速度 v_0、v_t，但加速度却与速度完全无关——速度很大时，加速度可以很小甚至为零；速度很小时，加速度也可以很大；速度方向向东，加速度的方向可以向西。

答案：D

说明：要注意分清速度、速度变化的大小、速度变化的快慢三者不同的含义，可以跟小孩的身高、身高的变化量、身高变化的快慢作一类比。加速度不是反映物体运动的快慢，也不反映物体速度变化量的大小，而是反映物体速度变化的快慢。

例题2 计算下列物体的加速度：

（1）一辆汽车从车站出发做匀加速运动，经10s速度达到108km/h。

（2）高速列车过桥后沿平直铁路匀加速行驶，经3min速度从54km/h提高到180km/h。

（3）沿光滑水平地面以10m/s运动的小球，撞墙后以原速大小反弹，与墙壁接触时间为0.2s。

分析： 由题中已知条件，统一单位、规定正方向后，根据加速度公式，即可算出加速度。

解析： 规定以初速方向为正方向，则

对汽车　$v_0=0$，$v_t=108km/h=30m/s$，$t=10s$，则

$$a_1=\frac{v_t-v_0}{t}=\frac{30-0}{10}=3(m/s^2)$$

对列车　$v_0=54km/h=15m/s$，$v_t=180km/h=50m/s$，$t=3min=180s$，则

$$a_2=\frac{v_t-v_0}{t}=\frac{50-15}{180}\approx0.19(m/s^2)$$

对小球　$v_0=10m/s$，$v_t=-10m/s$，$t=0.2s$，则

$$a_3=\frac{v_t-v_0}{t}=\frac{-10-10}{0.2}=-100(m/s^2)$$

说明： 由题中可以看出，运动速度大、速度变化量大，其加速度都不一定大。特别注意，不能认为 $a_3=\frac{v_t-v_0}{t}=\frac{10-10}{0.2}m/s^2=0$，必须考虑速度的方向性。计算结果 $a_3=-100m/s^2$，表示小球在撞墙过程中的加速度方向与初速方向相反，是沿着墙面向外的，所以使小球先减速至零，然后再加速反弹出去。

例题3 物体做匀加速直线运动，已知加速度为 $2m/s^2$，那么在任意1s内（　　）。

A.物体的末速度一定等于初速度的2倍

B.物体的末速度一定比初速度大 $2m/s$

C.物体的初速度一定比前1s内的末速度大 $2m/s$

D.物体的末速度一定比前1s内的初速度大 $2m/s$

分析： 在匀加速直线运动中，加速度为 $2m/s^2$，表示每秒内速度变化（增加）$2m/s$，即末速度比初速度大 $2m/s$，并不表示末速度一定是初速度的2倍。在任意1s内，物体的初速度就是前1s的末速度，而其末速度相对于前1s的初速度已经过2s，当 $2m/s^2$ 时，应为 $4m/s$。

答案： B

说明： 研究物体的运动时，必须分清时间、时刻、几秒内、第几秒内、某秒初、某秒末等概念。如图2-4所示（以物体开始运动时记为 $t=0$）。

讨论： 速度和加速度都是矢量，在一维运动中（即直线运动中），当规定正方向后，可以转化为用正、负号表示的代数量。

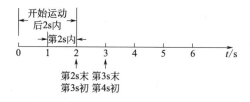

图 2-4 例题 3 图

应该注意：

（1）物体的运动方向是客观的，正方向的规定是人为的。只有相对于规定的正方向，速度与加速度的正、负才有意义。

（2）速度与加速度的量值才真正反映了运动的快慢与速度变化的快慢，所以，$v_A = -5\text{m/s}$，$v_B = -2\text{m/s}$，应该是物体 A 运动得快；同理，$a_A = -5\text{m/s}^2$，$a_B = -2\text{m/s}^2$，也应该是物体 A 的速度变化得快（即每经过 1s 速度减少得多），不能按数学意义认为 v_A 比 v_B 小、a_A 比 a_B 小。

（3）用公式 $a = \dfrac{v_t - v_0}{t} = \dfrac{\Delta v}{\Delta t}$ 时间 t（或 Δt）内的平均加速度，反映运动物体在这段时间 t（或 Δt）内速度变化的平均快慢程度。

达标检测

1. 火车从出站到进站，以其运动方向为正方向，它的加速度大致分别为三个阶段，分别为（　　）。

A. 起初为正，中途为零，最后为负　　　B. 起初为负，中途为零，最后为正

C. 起初为零，中途为正，最后为负　　　D. 起初为零，中途为负，最后为正

2. 关于加速度的概念，下列说法中正确的是（　　）。

A. 加速度就是加出来的速度

B. 加速度反映了速度变化的大小

C. 加速度反映了速度变化的快慢

D. 加速度为正值，表示速度的大小一定越来越大

3. 由 $a = \dfrac{\Delta v}{\Delta t}$ 可知（　　）。

A. a 与 Δv 成正比　　　　　　　　B. 物体加速度大小由 Δv 决定

C. a 的方向与 Δv 的方向相同　　　D. $\Delta v / \Delta t$ 叫速度变化率，就是加速度

4. 关于加速度的方向，下列说法正确的是（　　）。

A. 一定与速度方向一致　　　　　　　　B. 一定与速度变化方向一致

C. 一定与位移方向一致　　　　　　　　D. 一定与位移变化方向一致

5. 关于速度和加速度的关系，以下说法中正确的是（　　）。

A. 加速度大的物体，速度一定大　　　　B. 加速度为零时，速度一定为零

C. 速度不为零时，加速度一定不为零　　D. 速度不变时，加速度一定为零

6. 物体在一直线上运动，用正、负号表示方向的不同，根据给出速度和加速度的正负，下列对运动情况判断错误的是（ ）。

A. $v_0>0$，$a<0$，物体的速度越来越大

B. $v_0<0$，$a<0$，物体的速度越来越大

C. $v_0<0$，$a>0$，物体的速度越来越小

D. $v_0>0$，$a>0$，物体的速度越来越大

7. 以下对加速度的理解正确的是（ ）。

A. 加速度等于增加的速度

B. 加速度是描述速度变化快慢的物理量

C. -10m/s^2 比 10m/s^2 小

D. 加速度方向可与初速度方向相同，也可相反

8. 关于速度、速度改变量、加速度，正确的说法是（ ）。

A. 物体运动的速度改变量很大，它的加速度一定很大

B. 速度很大的物体，其加速度可以很小，可以为零

C. 某时刻物体的速度为零，其加速度可能不为零

D. 加速度很大时，运动物体的速度一定很大

9. 物体某时刻的速度为 5m/s，加速度为 -3m/s^2，这表示（ ）。

A. 物体的加速度方向与速度方向相同，而速度在减小

B. 物体的加速度方向与速度方向相同，而速度在增大

C. 物体的加速度方向与速度方向相反，而速度在减小

D. 物体的加速度方向与速度方向相反，而速度在增大

10. 一物体以 5m/s 的初速度，-2m/s^2 的加速度在粗糙的水平面上滑行，经过 4s 后物体的速率为（ ）。

A. 5m/s B. 4m/s C. 3m/s D. 0

11. 计算物体在下列时间段内的加速度：

（1）一辆汽车从车站出发做匀加速直线运动，经 10s 速度达到 108km/h。

（2）以 40m/s 的速度运动的汽车，从某时刻起开始刹车，经 8s 停下。

12. 一子弹用 0.02s 的时间穿过一木板，穿入时速度是 800m/s，穿出速度是 300m/s，则子弹穿过木板过程的加速度为_____。

2.5 匀变速直线运动的规律

学习目标

1. 熟练掌握匀变速直线运动的规律及应用；

2. 理解匀变速直线运动的 $v\text{-}t$ 图像的物理意义。

知识诠释

1. 匀变速直线运动的规律 匀变速直线运动是加速度大小和方向不变的运动。其运动速度和位移随时间的变化而变化。变化规律为：

$$v_t = v_0 + at，s = v_0 t + \frac{1}{2}at^2，v_t^2 - v_0^2 = 2as。$$

在上面的公式中涉及初速度 v_0、末速度 v_t、加速度 a，时间 t 和位移 s 五个物理量，只要知道其中三个量就可以求出另外的物理量。

在解题过程中，应注意解题过程的分析，灵活选择恰当公式，训练分析问题解决问题的能力。另外，还应注意加速度的符号，匀加速直线运动中加速度取正值，匀减速直线运动中加速度取负值。

2. 匀变速直线运动的图像 匀变速直线的速度图像是一斜直线，只能在一、四象限展开。从速度图像可以很直观地求出物体某时刻的运动速度以及达到某一速度需要的时间；还可以利用直线的斜率求得加速度和利用图像与时间轴所围"面积"表示出位移。

图像法是描述运动规律的常用方法，学习过程中一定要理解其意义，予以重视。

 学习指导

匀变速直线运动规律的应用对于培养应用数学工具研究问题的能力有重要作用。在解题过程中，不能满足于简单的套用公式，一定要养成分析物理问题过程并对问题结果进行讨论的良好学习习惯。

典型例题

例题 1 航空母舰上的飞机弹射系统可以减短战机起跑的位移，假设弹射系统对战机作用了 0.1s 时间后，可以使战机达到一定的初速度，然后战机在甲板上起跑，加速度为 $2m/s^2$，经过 10s，达到起飞的速度 50m/s 的要求，则战机离开弹射系统瞬间的速度是多少？弹射系统所提供的加速度是多少？

解析： 设战机离开弹射系统瞬间的速度是 v_0，弹射系统所提供的加速度为 a_1，以 v_0 的方向为正方向，则由 $v_t = v_0 + at$

得：
$$v_0 = v_t - at = (50 - 2 \times 10) = 30(m/s)$$

弹射系统所提供的加速度为：
$$a_1 = \frac{v_0 - 0}{t_1} = \frac{30 - 0}{0.1} = 300(m/s^2)$$

例题 2 一辆汽车在平直公路上做匀变速直线运动，公路边每隔 15m 有一棵树，如图 2-5 所示，汽车通过 AB 两相邻的树用了 3s，通过 BC 两相邻的树用了 2s，求汽车运动的加速度和通过树 B 时的速度为多少？

解析： 设汽车经过树 A 时速度为 v_A，加速度为 a。

对 AB 段运动，由 $s = v_0 t + \frac{1}{2}at^2$ 有：$15 = v_A \times 3 + \frac{1}{2}a \times 3^2$

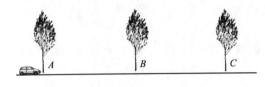

图 2-5　例题 2 图

同理，对 AC 段运动，有：$30 = v_A \times 5 + \frac{1}{2}a \times 5^2$

两式联立解得：$v_A = 3.5\text{m/s}$，$a = 1\text{m/s}^2$

再由 $v_t = v_0 + at$

得 $v_B = 3.5 + 1 \times 3 = 6.5(\text{m/s})$

达标检测

1. 甲、乙两辆汽车速度相等，在同时制动后，均做匀减速运动，甲经 3s 停止，共前进了 36m，乙经 1.5s 停止，乙车前进的距离为（　　）。

  A. 9m   B. 18m   C. 36m   D. 27m

2. 物体的位移随时间变化的函数关系是 $s = 4t + 2t^2$（m），则它运动的初速度和加速度分别是（　　）。

  A. 0、4m/s²   B. 4m/s、2m/s²   C. 4m/s、1m/s²   D. 4m/s、4m/s²

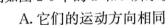

3. 甲和乙两个物体在同一直线上运动，它们的 v-t 图像分别如图 2-6 中的 a 和 b 所示。在 t_1 时刻（　　）。

  A. 它们的运动方向相同

  B. 它们的运动方向相反

  C. 甲的速度比乙的速度大

  D. 乙的速度比甲的速度大

图 2-6　题 3 图

4. 一质点做匀加速直线运动，第三秒内的位移 2m，第四秒内的位移是 2.5m，那么可以知道（　　）。

  A. 这两秒内平均速度是 2.25m/s

  B. 第三秒末即时速度是 2.25m/s

  C. 质点的加速度是 0.125m/s²

  D. 质点的加速度是 0.5m/s²

5. 对于做匀变速直线运动的物体：（　　）。

  A. 加速度减小，其速度必然随之减少

  B. 加速度增大，其速度未必随之增大

  C. 位移与时间平方成正比

  D. 在某段时间内位移可能为零

6. 一物体沿长为 l 的光滑斜面，从静止开始由斜面的顶端下滑到斜面底端的过程中，当物体的速度达到末速度的一半时，它沿斜面下滑的长度为（　　）。

A. $l/4$　　　　　B. $l/(\sqrt{2}-1)$　　　　C. $l/2$　　　　D. $l/\sqrt{2}$

7. 一火车以 2m/s 的初速度，1m/s² 的加速度做匀加速直线运动，求：

（1）火车在第 3s 末的速度是多少？

（2）在前 4s 的位移是多少？

（3）在第 5s 内的位移是多少？

（4）在第 2 个 4s 内的位移是多少？

8. 在平直公路上，一汽车的速度为 20m/s，从某时刻开始刹车，在阻力作用下，汽车以 4m/s² 的加速度刹车，问

（1）2s 末的速度？

（2）前 2s 的位移？

（3）前 6s 的位移？

（4）汽车多少秒刹车完成？

9. 车以 10m/s 速度匀速行驶，在距车站 25m 时开始制动，使车减速前进，到车站时恰好停下。求：

（1）车匀减速行驶时的加速度的大小；

（2）车从制动到停下来经历的时间。

2.6 自由落体运动

学习目标

1. 理解自由落体运动和重力加速度概念；

2. 理解自由落体运动的研究方法；

3. 会分析计算自由落体运动的有关问题。

知识诠释

1. 自由落体运动　只在重力作用下，物体由静止开始下落的运动叫自由落体运动。物体在空气中下落的运动严格来讲都不是自由落体运动。只有重力远大于空气阻力时，空气中的落体运动看以看作自由落体运动。自由落体运动是初速度为零，加速度为重力加速度的匀加速直线运动。因此，自由落体运动可以看作匀变速直线运动的特例。

伽利略通过理想实验对自由落体运动的研究给我们重要的启示。理想实验是科学研究和探索的一种重要方法。

2. 重力加速度　在同一地点，一切自由落体运动中的加速度都相同，这个加速度就是重力加速度 g。重力加速度方向竖直向下，大小随不同地点而略有变化，在地球

表面上赤道最小，两极最大；重力加速度大小还与高度有关，高度越高，g 越小。在通常的计算中，g 一般取 9.8m/s^2，粗略的计算中还可以取做 10m/s^2。

3. 自由落体运动规律　自由落体运动是初速度为零的匀加速直线运动，运动加速度为重力加速度，运动方向是竖直向下。因此，只要将匀变速直线运动的规律结合自由落体运动的特点就得到自由落体运动规律：

$$v_t = gt \qquad h = \frac{1}{2}gt^2 \qquad v_t^2 = 2gh$$

学习指导

对于运动学的问题，应学会正确的分析，不可盲目地套用公式，否则往往走弯路甚至造成错误。那么如何准确解答运动学问题呢？首先应正确理解描述运动的概念，掌握典型运动的特点，弄清公式的含义、使用条件和范围，只有这样才能恰当应用概念和规律解答问题；其次，应养成分析问题的良好学习习惯。分析物体运动的过程，每个过程的运动特点，前后之间的联系，避免死记硬背公式，乱套用公式。对于复杂的运动学问题，应利用画草图来帮助解决问题，会利用运动图像解决问题。

典型例题

例题　从离地 500m 的空中自由落下一个小球，取 $g=10\text{m/s}^2$，求：

（1）经过多少时间落到地面；

（2）从开始落下的时刻起，在第 1s 内的位移、最后 1s 内的位移；

（3）落下一半时间的位移。

分析：由 $h=500\text{m}$ 和运动时间，根据位移公式可直接算出落地时间、第 1s 内位移和落下一半时间的位移。最后 1s 内的位移是下落总位移和前 $(n-1)\text{s}$ 下落位移之差。

解析：（1）由 $h=\dfrac{1}{2}gt^2$，得落地时间

$$t=\sqrt{\frac{2h}{g}}=\sqrt{\frac{2\times 500}{10}}=10(\text{s})$$

（2）第 1s 内的位移

$$h_1=\frac{1}{2}gt_1^2=\frac{1}{2}\times 10\times 1^2=5(\text{m})$$

因为从开始运动起前 9s 内的位移为

$$h_9=\frac{1}{2}gt_9^2=\frac{1}{2}\times 10\times 9^2=405(\text{m})$$

所以最后 1s 内的位移为

$$h_{10}=h-h_9=500-405=95(\text{m})$$

（3）落下一半时间即 $t'=5s$，其位移为

$$h_5=\frac{1}{2}gt'^2=\frac{1}{2}\times10\times25=125(\text{m})$$

达标检测

1.甲物体的重力是乙物体的3倍，它们在同一高度处同时自由下落，则下列说法中正确的是（　　）。

    A.甲比乙先着地　　　　　　　　B.甲比乙的加速度大

    C.甲、乙同时着地　　　　　　　D.无法确定谁先着地

2.关于自由落体运动，下列说法正确的是（　　）。

    A.某段时间的平均速度等于初速度与末速度和的一半

    B.某段位移的平均速度等于初速度与末速度和的一半

    C.在任何相等时间内速度变化相同

    D.在任何相等时间内位移变化相同

3.自由落体运动在任何两个相邻的1s内，位移的增量为（　　）。

    A.1m　　　　　　B.5m　　　　　　C.10m　　　　　　D.不能确定

4.甲物体的质量比乙物体大5倍，甲从 H 高处自由落下，乙从 $2H$ 高处与甲物体同时自由落下，在它们落地之前，下列说法中正确的是（　　）。

    A.两物体下落过程中，在同一时刻甲的速度比乙的速度大

    B.下落1s末，它们的速度相同

    C.各自下落1m时，它们的速度相同

    D.下落过程中甲的加速度比乙的加速度大

5.图2-7所示的各 v-t 图像能正确反映自由落体运动过程的是（　　）。

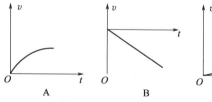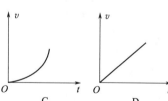

图2-7　题7图

6.甲、乙两物体分别从10m和20m高处同时自由落下，不计空气阻力，下面描述正确的是（　　）。

    A.落地时甲的速度是乙的1/2

    B.落地的时间甲是乙的2倍

    C.下落1s时甲的速度与乙的速度相同

    D.甲、乙两物体在最后1s内下落的高度相等

7.从楼顶自由下落的小球经过某窗户顶部和底部时的速度分别为4m/s和6m/s，

问该窗户的高度是多少?

8. 一矿井深为 125m，在井口每隔一定时间自由下落一个小球。当第 11 个小球刚从井口开始下落时，第 1 个小球恰好到达井底，求：

（1）相邻两个小球开始下落的时间间隔；

（2）这时第 3 个小球和第 5 个小球相隔的距离。（$g = 10 \text{m/s}^2$）

第**3**章

牛顿运动定律

3.1 牛顿第一定律

学习目标

1. 理解牛顿第一定律和惯性的概念;
2. 了解牛顿第一定律的建立过程;
3. 正确理解力和物体运动的关系。

重点难点

正确理解牛顿第一定律的意义以及惯性的概念。

知识诠释

1. 牛顿第一定律 一切物体总保持匀速直线运动状态或静止状态,直到有外力迫使它改变这种状态为止。

牛顿第一定律指出了一切物体都有保持匀速直线运动或静止的特性(即一切物体都有惯性);外力是迫使物体改变运动状态的原因,而不是维持物体运动状态的原因;说明了物体不受外力或受到的合外力为零时的运动状态是匀速直线运动或静止状态。

2. 惯性 物体保持原来的匀速直线运动状态或静止状态的性质叫惯性。惯性是物体的固有属性,一切物体都有惯性。它的存在与物体的运动状态以及受力情况无关。当物体不受外力或受到的合外力为零时,惯性表现为物体维持原来运动状态不变,即保持匀速直线运动状态或静止状态。当物体受到外力时，惯性的大小表现在外力使物体的运动状态改变时的难易程度。所以，物体的惯性，在一般情况下都存在而且不会改变。

典型例题

例题 下列叙述中，哪些是关于力和运动的错误观点？

A. 力是维持物体运动的原因；

B. 力是改变物体运动状态的原因；

C. 力是产生运动的原因；

D. 物体向某方向运动，该方向上一定受到力的作用。

解析： 物体保持原来的匀速直线运动或静止状态是物体的固有属性，物体的运动不需要力维持，A 错。力是改变物体运动状态的原因，B 对。运动不需要力去产生，运动方向和物体受力方向不一定相同，C、D 都错，所以正确答案是 B。

达标检测

1. 下面几个说法中正确的是（　　）。

A. 静止或做匀速直线运动的物体，一定不受外力的作用

B. 当物体的速度等于零时，物体一定处于平衡状态

C. 当物体的运动状态发生变化时，物体一定受到外力作用

D. 物体的运动方向一定是物体所受合外力的方向

2. 关于惯性的下列说法中正确的是（　　）。

A. 物体能够保持原有运动状态的性质叫惯性

B. 物体不受外力作用时才有惯性

C. 物体静止时有惯性，开始运动，不再保持原有的运动状态，也就失去了惯性

D. 物体静止时没有惯性，只有始终保持运动状态才有惯性

3. 在火车车厢内有一个自来水龙头，第一段时间内水滴落在水龙头的正下方，第二段时间内水滴落在水龙头正下方的右侧，则火车可能的运动是（　　）。

A. 先静止，后向右做加速运动

B. 先做匀速运动，后向右做加速运动

C. 先做匀速运动，后向右做减速运动

D. 上述说法都有可能

4. 行驶中的汽车关闭发动机后不会立即停止运动，是因为＿＿＿＿＿＿＿＿，汽车的速度越来越小，最后会停下来是因为＿＿＿＿＿＿＿＿＿＿＿＿。

3.2　牛顿第二定律

学习目标

1. 理解加速度与力和质量的关系；

2.理解牛顿第二定律的内容，掌握牛顿第二定律的表达式的物理意义；

3.能运用牛顿第二定律公式解决实际问题。

重点难点

牛顿第二定律的瞬时关系与矢量关系。

知识诠释

1. 加速度与力的关系

（1）力是物体运动状态改变的原因 力可以改变物体的运动状态，物体的运动状态的变化意味着物体速度的变化，速度的变化表明物体具有加速度。可见，力是物体产生加速度的原因，力不是产生速度的原因。

（2）力和加速度的关系 当物体的质量一定时，物体的加速度跟物体所受的外力成正比。即 m 不变，$a \propto F$。

2. 加速度和质量的关系

（1）质量是物体惯性大小的度量 力可以改变物体的运动状态，相同的力作用在质量不同的物体上，质量小的物体产生的加速度大，物体运动状态改变得快；质量大的物体加速度小，物体运动状态变化慢。可见，质量小的物体维持原来运动状态的本领小，即惯性小。所以，质量是物体惯性大小的度量，质量是决定惯性大小的唯一因素。

（2）加速度和质量的关系 当在相同的力作用下，物体运动的加速度跟物体的质量成反比，即 $a \propto \dfrac{1}{m}$

3. 牛顿第二运动定律 物体运动的加速度的大小跟作用力成正比，跟物体的质量成反比，且加速度的方向跟引起这个加速度的力的方向相同。即

$$F = ma$$

应注意 $F = ma$，式中 F 指物体受到的合外力，即物体所受力的矢量和；利用上式解题时，式中各量必须采用国际单位制中的单位。

4. 牛顿第二定律的瞬时关系 对于一个质量一定的物体来说，它在某一时刻加速度的大小和方向，只由它在这一时刻所受到的合外力的大小和方向来决定，当它受到的合外力发生变化时，它的加速度随即也要发生变化，这便是牛顿第二定律的瞬时性的含义。

5. 牛顿第二定律的矢量关系 在理解牛顿第二定律时，必须明确加速度的方向是由合外力的方向决定的。也就是说加速度的方向总是与合外力的方向一致，而物体的速度方向与合外力的方向并不存在这样的关系。当物体做匀加速直线运动时，其速度方向与合外力的方向一致；当物体做匀减速直线运动时，其速度方向便与合外力的方向相反。

典型例题

例题 1 静止在水平地面上的物体的质量为2kg，在水平恒力 F 推动下开始运动，4s 末它的速度达到4m/s，此时将 F 撤去，又经6s 物体停下来，如果物体与地面的动摩擦因数不变，求 F 的大小。

解析： 物体的整个运动过程分为两段，前 4s 物体做匀加速运动，后 6s 物体做匀减速运动。

前 4s 内物体运动的加速度为 $a_1=\dfrac{v-0}{t_1}=\dfrac{4}{4}=1(\mathrm{m/s^2})$

设摩擦力为 f，由牛顿第二定律得

$$F-f=ma_1$$

后 6s 内物体的加速度为

$$a_2=\dfrac{0-v}{t_2}=\dfrac{-4}{6}=-\dfrac{2}{3}(\mathrm{m/s^2})$$

物体所受的摩擦力大小不变，由牛顿第二定律得 $-f=ma_2$

所以水平恒力 F 的大小为

$$F=m(a_1-a_2)=2\times(1+\dfrac{2}{3})=3.3(\mathrm{N})$$

小结： 解决动力学问题时，受力分析是关键，对物体运动情况的分析同样重要。特别是像这类运动过程较复杂的问题，更应注意对运动过程的分析。

例题 2 如图 3-1(a) 所示，质量为 4kg 的物体静止于水平面上，物体与水平面间的动摩擦因数为 0.5，物体受到大小为 20N，与水平方向成 30°角斜向上的拉力 F 作用时沿水平面做匀加速运动，求物体的加速度是多大？（g 取 10m/s²）

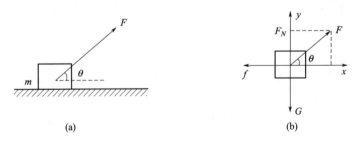

(a)　　　　(b)

图 3-1　例题 2 图

解析： 以物体为研究对象，其受力情况如上图 3-1(b) 所示，建立平面直角坐标系。把 F 沿两坐标轴方向分解，则两坐标轴上的合力分别为

$$F_x=F\cos\theta-f$$
$$F_y=F_N+F\sin\theta-G$$

物体沿水平方向加速运动，设加速度为 a，则 x 轴方向上的加速度 $a_x=a$，y 轴方向上物体没有运动，故 $a_y=0$

由牛顿第二定律得 $F_x = ma_x$ $F_y = ma_y = 0$

所以 $F\cos\theta - f = ma$，$F_N + F\sin\theta - G = 0$

又有滑动摩擦力 $f = \mu F_N$

以上三式代入数据可解得 $a = 0.58\text{m/s}^2$。

小结： 当物体的受力情况较复杂时，根据物体所受力的具体情况和运动情况建立合适的直角坐标系，利用正交分解法来解。

达标检测

1.关于物体运动状态的改变，下列说法中正确的是（   ）。

A.物体运动的速率不变，其运动状态就不变

B.物体运动的加速度不变，其运动状态就不变

C.物体运动状态的改变包括两种情况：一是由静止到运动，二是由运动到静止

D.物体的运动速度不变，我们就说它的运动状态不变

2.关于运动和力，正确的说法是（   ）。

A.物体速度为零时，合外力一定为零

B.物体做曲线运动，合外力一定是变力

C.物体做直线运动，合外力一定是恒力

D.物体做匀速运动，合外力一定为零

3.静止在光滑水平面上的木块受到一个方向不变，大小从某一数值逐渐变小的外力作用时，木块将做（   ）。

A.匀减速运动

B.匀加速运动

C.速度逐渐减小的变加速运动

D.速度逐渐增大的变加速运动

4.如图3-2所示，一小球自空中自由落下，与正下方的直立轻质弹簧接触，直至速度为零的过程中，关于小球运动状态的下列几种描述中，正确的是（   ）。

A.接触后，小球做减速运动，加速度的绝对值越来越大，速度越来越小，最后等于零

B.接触后，小球先做加速运动，后做减速运动，其速度先增加后减小直到为零

C.接触后，速度为零的地方就是弹簧被压缩最大之处，加速度为零的地方也是弹簧被压缩最大之处

D.接触后，小球速度最大的地方就是加速度等于零的地方

5.在水平地面上放有一三角形滑块，滑块斜面上有另一小滑块正沿斜面加速下滑，若三角形滑块始终保持静止，如图3-3所示，则地面对三角形滑块（   ）。

A.有摩擦力作用，方向向右

B.有摩擦力作用，方向向左

C.没有摩擦力作用

D. 条件不足，无法判断

6. 如图 3-4 所示，质量 60kg 的人站在水平地面上，通过定滑轮和绳子（不计其摩擦和绳子质量）竖直向上提起质量为 10kg 的货物。

（1）货物以 $a_1＝2m/s^2$ 匀加速上升，人对地面压力多大？

（2）货物匀加速上升时，其最大加速度力多大（g 取 $10m/s^2$）？

图 3-2 题 4 图

图 3-3 题 5 图

图 3-4 题 6 图

3.3 牛顿第三定律

学习目标

1. 掌握作用力与反作用力的概念；
2. 理解牛顿第三定律；
3. 能够区分平衡力跟作用力与反作用力。

重点难点

平衡力、作用力与反作用力关系是学习中容易混淆的问题。

知识诠释

1. 力是物体间的相互作用　力的作用总是相互的。一个物体对另一个物体有力的作用，后一个物体也一定同时对前一个物体产生力的作用，我们把其中的一个力称为作用力，另一个力就叫做反作用力。

2. 牛顿第三定律　两个物体间的作用与反作用力总是大小相等，方向相反，作用在一条直线上。作用力与反作用力作用在不同的物体上（作用在相互作用的两个物体上）；作用力与反作用力同时存在、同时消失；作用力与反作用力是性质相同的力。

3. 平衡力跟作用力与反作用力的区别

相同点：大小相等，方向相反，作用在同一条直线上。

不同点：作用力与反作用作用在不同物体上，效果不能抵消，不能平衡。平衡力作用在同一物体上作用效果相互抵消。作用力与反作用力是性质相同的力。而平衡力可能是不同性质的力。作用力与反作用力必同时产生、同时消失，不分先后。二力平衡中的两个力，若其中一个消失，另一个不一定消失。

4. 牛顿第三定律与第一、第二定律的关系

牛顿第一定律和牛顿第二定律解决了一个质点运动规律的问题，但自然界的物体是相互联系、相互影响、相互作用的，因此，仅有牛顿第一定律和牛顿第二定律是不够的，必须加上牛顿第三定律才能构成比较全面地反映机械运动规律的理论体系。在分析物体受力和求解某些不便直接求解的力时，经常要用到牛顿第三定律。

 典型例题

例题 关于两个物体间的相互作用下列说法正确的是（　　）。

A. 马拉车不动，是因为马拉车的力小于车拉马的力

B. 马拉车前进，是因为马拉车的力大于车拉马的力

C. 马拉车不论动还是不动，马拉车的力的大小等于车拉马的力的大小

D. 只有马拉车不动或匀速直线运动时，才有马拉车与车拉马的力大小相等

解析：当马拉车的拉力大于地对车的阻力时，车加速前进，当马拉车的拉力等于地对车的阻力时，车静止不动或匀速前进，无论在哪种运动情况下，马对车的拉力和车对马的拉力都是一对作用力和反作用力，大小相等，所以选项 C 正确。

 达标检测

1. 关于两个物体间作用力与反作用力的下列说法中，正确的是（　　）。

A. 有作用力才有反作用力，因此先有作用力后产生反作用力

B. 只有两个物体处于平衡状态中，作用力与反作用才大小相等

C. 作用力与反作用力只存在于相互接触的两个物体之间

D. 作用力与反作用力的性质一定相同

2. 重物 A 用一根轻弹簧悬于天花板下，画出重物和弹簧的受力图如图 3-5 所示。关于这四个力的以下说法正确的是（　　）。

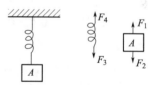

图 3-5　题 2 图

A. F_1 的反作用力是 F_4

B. F_2 的反作用力是 F_3

C. F_1 的施力者是弹簧

D. F_3 的施力者是物体 A

E. F_1 与 F_2 是一对作用力与反作用力

3. 粗糙的水平地面上有一只木箱，现用一水平力拉木箱匀速前进，则（　　）。

A. 拉力与地面对木箱的摩擦力是一对作用力与反作用力

B. 木箱对地面的压力与地面对木箱的支持力是一对平衡力

C. 木箱对地面的压力与地面对木箱的支持力是一对作用力与反作用力

D. 木箱对地面的压力与木箱受到的重力是一对平衡力

4. 关于作用力和反作用力，下列说法中错误的是（　　）。

A. 我们可把物体间相互作用的任何一个力叫做作用力，另一力叫做反作用力

B.若作用力是摩擦力，则反作用力也一定是摩擦力

C.作用力与反作用力一定是同时产生、同时消失的

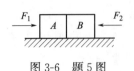

图 3-6　题 5 图

D.作用力与反作用力大小相等，方向相反，作用在一条直线上，因此它们可能成为一对平衡力

5.如同 3-6 所示，两个质量相同的物体 A 和 B 紧靠在一起，放在光滑的水平面上，若两物体同时受到大小分别为 F_1 和 F_2（$F_1 > F_2$）的水平推力作用，则 A、B 两物体间相互作用力的大小为_____。

3.4　牛顿运动定律的应用

 学习目标

1.进一步掌握牛顿运动定律的内容；

2.会利用牛顿运动定律解决匀变速直线运动问题。

重点难点

熟练掌握牛顿运动定律解决动力学问题的方法是学习后续单元的基础。

 知识诠释

1.牛顿运动定律揭示了物体运动和物体受到的外力的关系　运动和力的关系是自然界中反映物体机械运动的普遍规律之一，也是物理中重要的规律之一。牛顿运动定律指明了物体运动的加速度与物体所受外力的合力的关系。即物体运动的加速度是由合外力决定的，但是物体究竟做什么运动，不仅与物体的加速度有关还与物体的初始运动状态有关。比如一个正在向东运动的物体，若受到向西方向的外力物体即具有向西方向的加速度，则物体向东做减速运动，直至速度减为零后，物体在向西方向的力的作用下，将向西做加速运动。由此说明，物体受到的外力决定了物体运动的加速度，而不是决定了物体运动的速度，物体的运动情况是由所受的合外力以及物体的初始运动状态共同决定的。

2.运用牛顿运动定律解决的问题的两种类型　利用牛顿运动定律既可以处理已知物体的受力情况，求物体的运动情况如物体运动的位移、速度及时间等问题，也可以处理已知物体的运动情况，求物体的受力情况（求力的大小和方向），但不管哪种类型，一般总是根据已知条件求出物体运动的加速度，然后再由此得出问题的答案。（加速度是联系力和运动的纽带。）

3.运用牛顿第二定律解决问题的一般步骤

（1）确定研究对象；

（2）分析物体的受力情况和运动情况，画出研究对象的受力分析图；

（3）采用国际单位制统一各个物理量的单位；

（4）根据牛顿运动定律和运动学规律建立方程并求解。

 典型例题

例题 1 一斜面 AB 长为 $10m$，倾角为 $30°$，一质量为 $2kg$ 的物体（大小不计）从斜面顶端 A 点由静止开始下滑，如图 3-7(a) 所示（g 取 $10m/s^2$）。

（1）若斜面与物体间的动摩擦因数为 0.5，求物体下滑到斜面底端 B 点时的速度及所用时间。

（2）若给物体一个沿斜面向下的初速度，恰能沿斜面匀速下滑，则物体与斜面间的动摩擦因数 μ 是多少？

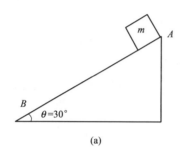 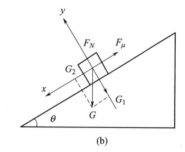

图 3-7 例题 1 图

解析：（1）以物体 m 为研究对象，其受力情况如图 3-7(b) 所示，并建立直角坐标系，把重力 G 沿 x 轴和 y 轴方向分解：

$$G_1 = mg\cos\theta，\quad G_2 = mg\sin\theta$$

物体沿斜面即 x 轴方向加速运动，设加速度为 a，则 $a_x = a$；物体在 y 轴方向没有发生位移，没有加速度则 $a_y = 0$。

由牛顿第二定律得

$$\begin{cases} f_y = f_N - G_1 = ma_y \\ F_x = G_2 - f = ma_x \end{cases}$$

所以：

$$\begin{cases} mg\sin\theta - f = ma \\ F_N = mg\cos\theta \end{cases}$$

又 $f = \mu F_N$

得 $a = \dfrac{mg\sin\theta - \mu mg\cos\theta}{m} = g(\sin\theta - \mu\cos\theta) = 10 \times (\sin30° - 0.5 \times \cos30°) = 0.67(m/s^2)$

设物体下滑到斜面底端时的速度为 v，所用时间为 t，小物体由静止开始匀加速下滑，

由 $v_t^2 = v_0^2 - 2as$ 得

$$v = \sqrt{2as} = \sqrt{2 \times 0.67 \times 10} = 3.7(m/s)$$

由 $v_t = v_0 + at$ 得

$$t=\frac{v}{a}=\frac{3.7}{0.67}=5.5(\mathrm{s})$$

（2）物体沿斜面匀速下滑时，处于平衡状态，其加速度 $a=0$，则在图中的直角坐标中 $a_x=0$，$a_y=0$，

由牛顿第二定律，得

$$\begin{cases}F_x=G_2-f=ma_x=0\\F_y=F_N-G_1=ma_y=0\end{cases}$$

所以

$$\begin{cases}f=mag\sin\theta\\F_N=mg\cos\theta\end{cases}$$

又

$$f=\mu F_N$$

所以，物体与斜面间的动摩擦因数 $\mu=\dfrac{F_\mu}{F_N}=\tan\theta=\tan30°=0.58$

讨论：若给物体一定的初速度，当 $\mu=\tan\theta$ 时，物体沿斜面匀速下滑；当 $\mu>\tan\theta$（即 $\mu mg\cos\theta>mg\sin\theta$）时，物体沿斜面减速下滑。

例题 2　如图 3-8 所示，质量 $m=4\mathrm{kg}$ 的物体与地面间的动摩擦因数为 $\mu=0.5$，在与水平成 $\theta=37°$ 角的恒力 F 作用下，从静止起向右前进 $t_1=2\mathrm{s}$ 后撤去 F，又经过 $t_2=4\mathrm{s}$ 物体刚好停下。求：F 的大小；物体运动的最大速度 v_m 和总位移 s。

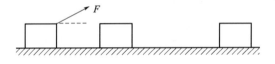

图 3-8　例题 2 图

解析：由运动学知识可知：前后两段匀变速直线运动的加速度 a 与时间 t 成反比，而第二段中 $\mu mg=ma_2$，加速度 $a_2=\mu g=5\mathrm{m/s^2}$ 所以第一段中的加速度一定是 $a_1=10\mathrm{m/s^2}$ 再由方程 $F\cos\theta-\mu(mg-F\sin\theta)=ma_1$

可求得：

$$F=54.5\mathrm{N}$$

第一段的末速度和第二段的初速度相等都是最大速度，可以按第二段求得：$v_\mathrm{m}=a_2t_2=20\mathrm{m/s}$ 又由于两段的平均速度和全过程的平均速度相等，

所以有

$$s=\frac{v_\mathrm{m}}{2}(t_1+t_2)=\frac{20}{2}(2+4)=60(\mathrm{m})$$

需要引起注意的是：在撤去拉力 F 前后，物体受的摩擦力发生了改变。

例题 3　如图 3-9（a）所示，设 $m_1=2\mathrm{kg}$，$m_2=6\mathrm{kg}$，不计摩擦和滑轮的质量，求拉物体 m_1 的细线的拉力和悬吊滑轮的细线的拉力。

解析：两物体和滑轮的受力如图 3-9（b）所示。

对 m_1 有：$F_1-m_1g=m_1a$　①

对 m_2 有：$m_2g-F_1=m_2a$　②

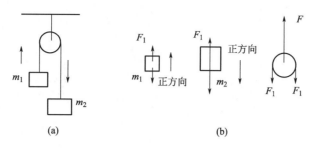

图 3-9 例题 3 图

由①、②求得：$a = 5 \text{m/s}^2$，$F_1 = 30 \text{N}$

$$F = 2F_1 = 60(\text{N})$$

 达标检测

1. 判断下列说法的正误，把正确的选出来（　　）。

A. 有加速度的物体其速度一定增加

B. 没有加速度的物体速度一定不变

C. 物体的速度有变化，则必有加速度

D. 加速度和速度方向相同

2. 如图 3-10 所示，质量相同的 A、B 两球用细线悬挂于天花板上且静止不动。两球间是一个轻质弹簧，如果突然剪断悬线，则在剪断悬线瞬间 A 球加速度为 _____；B 球加速度为 _____。

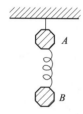

图 3-10 题 2 图

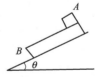

图 3-11 题 3 图

3. 如图 3-11 所示，放在斜面上的长木板 B 的上表面是光滑的，给 B 一个沿斜面向下的初速度 v_0，B 沿斜面匀速下滑。在 B 下滑的过程中，在 B 的上端轻轻地放上物体 A，若两物体的质量均为 m，斜面倾角为 θ，则 B 的加速度大小为 _____，方向为 _____；当 A 的速度为 $\frac{2}{3}v_0$ 时（设该时 A 没有脱离 B，B 也没有到达斜面底端），B 的速度为 _____。

4. 如图 3-12，质量 $m = 10\text{kg}$ 的小球挂在倾角 $\alpha = 37°$ 的光滑斜面上，当斜面和小球以 $a_1 = g/2$ 的加速度向右加速运动时，小球对绳子的拉力和对斜面的压力分别多大？如果斜面和小球以 $a_2 = \sqrt{3}g$ 的加速度向右加速运动时，小球对绳子的拉力和对斜面的压力分别多大？

5. 质量分别为 $m_A=2kg$、$m_B=4kg$ 的物体叠放在水平地面上，B 与水平地面间的摩擦系数为 0.4，A 与 B 间的静摩擦系数为 0.8，水平力 F 作用在 B 上（如图 3-13），要使 A 与 B 间不发生滑动，则 F 的最大值为多少？

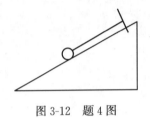

图 3-12　题 4 图

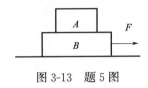

图 3-13　题 5 图

第**4**章

功和能

▶ 4.1 功和功率

 学习目标

1. 理解功的概念，功的公式 $W = Fs\cos\alpha$，会用这个公式进行计算；
2. 理解正功和负功的概念，知道在什么情况下力做正功或负功；
3. 理解功率的概念，能运用功率的公式进行有关的计算。

 重点难点

正功和负功的概念。

知识诠释

1. 功的概念　作用在物体上的力和物体在力的方向上的位移的乘积。功的数学表达式：$W = Fs\cos\alpha$ 式中 α 是物体受到的力的方向和物体位移方向的夹角。功是标量，但是功有正负之分。

2. 正功和负功　当 $0° \leqslant \alpha < 90°$ 时，W 为正值，力对物体做正功；当 $90° < \alpha \leqslant 180°$ 时，W 为负值，力对物体做负功；当 $\alpha = 90°$ 时，$W = 0$，力不做功。正功说明力和物体位移方向相同，负功说明物体位移和力的方向相反。

正功表示动力对物体做功，负功表示阻力对物体做功。

3. 合力的功　合力对物体所做的功等于各个力分别对物体所做的功的代数和

即：$W_合 = W_1 + W_2 + \cdots + W_n$

4. 功率　物体所做的功与完成这些功所用时间的比值，叫功率。功率是表示物体做功快慢的物理量。

功率的数学表达式是 $P = W/t$。如果功率是变化的，此公式计算出的是平均功率。

对于机车牵引力的功率有：$P = Fv\cos\alpha$

上式表明：功率一定时，力与物体的运动速度成反比；力一定时，物体的功率与速度成正比；速度一定时，物体的功率与所受作用力成正比。

功率的单位是瓦特（W）。

典型例题

例题　如图 4-1 所示，质量为 $m = 2kg$ 的物体沿着倾角为 $\theta = 37°$ 的斜面匀速向下运动，物体与斜面间的动摩擦因数为 $\mu = 0.5$，求①前 2s 内重力做的功；②前 2s 内重力的平均功率；③2s 末重力的瞬时功率。

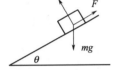

图 4-1　例题图

解析：分别由 $W = Fs$，$P = W/t$，$P = Fv$ 求解

① 木块受力如图 4-1，沿斜面受的力为

$F_合 = mg\sin\theta - \mu mg\cos\theta = m(\sin\theta - \mu\cos\theta)g = 2 \times 10(0.6 - 0.5 \times 0.8) = 4(N)$

物体的加速度为：$a = F_合/m = 4/2 = 2(m/s^2)$

前 2s 内物体的位移　$s = \frac{1}{2}at^2 = \frac{1}{2} \times 2 \times 2^2 = 4(m)$

则重力在前 2s 内做的功 $W = mg\sin\theta s = 2 \times 10 \times 0.6 \times 4 = 48(J)$

② 前 2s 内重力的平均功率为

$$P = W/t = 48/2 = 24(W)$$

③ 木块在 2s 末的速度

$$v = at = 2 \times 2 = 4(m/s)$$

2s 末重力的瞬时功率 $P = mg\sin\theta v = 2 \times 10 \times 0.6 \times 4 = 48(W)$

达标检测

1. 关于摩擦力对物体做功，以下说法中正确的是（　　）。

A. 滑动摩擦力总是做负功

B. 滑动摩擦力可能做负功，也可能做正功

C. 静摩擦力对物体一定做负功

D. 静摩擦力划物体总是做正功

2. 起重机竖直吊起质量为 m 的重物，上升的加速度是 a，上升的高度是 h，则起重机对货物所做的功是（　　）。

A. mgh　　　　　　B. mah　　　　　　C. $m(g+a)h$　　　　　　D. $m(g-a)h$

3. 把一个物体竖直向上抛出去，该物体上升的最大高度是 h，若物体的质量为

m，所受的空气阻力恒为 f，则在从物体被抛出到落回地面的全过程中（　　　）。

A. 重力所做的功为零

B. 重力所做的功为 $2mgh$

C. 空气阻力做的功为零

D. 空气阻力做的功为 $-2fh$

4. 关于功率以下说法中正确的是（　　　）。

A. 据 $P=W/t$ 可知，机器做功越多，其功率就越大

B. 据 $P=Fv$ 可知，汽车牵引力一定与速度成反比

C. 据 $P=W/t$ 可知，只要知道时间 t 内机器所做的功，就可以求得这段时间内任一时刻机器的功率

D. 根据 $P=Fv$ 可知，发动机功率一定时，交通工具的牵引力与运动速度成反比

5. 在高处的同一点将三个质量相同的小球以大小相等的初速度 v_0 分别上抛、平抛和下抛（　　　）。

A. 从抛出到落地过程中，重力对它们做功相同

B. 从抛出到落地过程中，重力对它们的平均功率相同

C. 三个小球落地时，重力的瞬时功率相同

D. 三个小球落地时的动量相同

6. 在恒定合力 F 作用下，物体由静止开始运动，经过一段位移 s 后，速度达到 v，做功为 W。在相同的恒定合力 F 作用下，物体的速度由零增至 nv，则 F 做的功是原来的＿＿＿＿＿倍，通过的位移是原来的＿＿＿＿＿倍；若要物体的速度由 v 增至 nv，则需对它做的功是原来的＿＿＿＿＿倍。

4.2　动能和动能定理

学习目标

1. 理解动能的概念；

2. 知道动能的定义式，会用动能的定义式进行计算；

3. 理解动能定理及其推导过程，掌握动能定理应用。

重点难点

1. 动能的概念。

2. 动能定理及其应用。

知识诠释

1. 动能　物体由于运动而具有的能叫动能。数学表达式：$E_K=\dfrac{1}{2}mv^2$，v 是瞬时

速度。动能单位是焦（J）。动能是标量，且只有正值；动能具有瞬时性，在某一时刻，物体具有一定的速度，也就具有一定的动能，动能具有相对性，对不同的参考系，物体的速度有不同的瞬时值。

2. 动能定理

合外力对物体做的总功等于物体在这一运动过程中动能的增量。

$$W_合 = E_{K2} - E_{K1} = \Delta E_K$$

式中，$W_合$ 为外力对物体做的总功；E_{K1} 为物体初态的动能；E_{K2} 为末态动能。

动能定理揭示了运动过程中，功与能量变化的关系。运动过程中，有的力促进物体运动，对物体做正功；有的力则阻碍物体运动，对物体做负功，也就是物体要消耗自身能量克服这个阻力做功。因此，动能定理中的功一定是合外力对物体所做的功。计算时，功等于各外力做功的代数和。

动能定理中各项均为标量，因此，单纯速度方向改变不影响动能大小。

由于外力做功可正、可负，因此物体在一运动过程中动能可能增加，也可能减少。所以动能的增量并不表示动能一定增大。它的确切含义为末态与初态的动能差，或称为"改变量"。数值可以为正，也可以负，正值表示动能增加，负值表示动能减小。

3. 动能定理解题方法　利用动能定理要比牛顿运动定律方便得多。利用动能定理解题时应着重从以下几个方面去考虑。首先确定研究对象及其运动过程；其次对研究对象进行受力分析，画受力图；然后明确各个力做的功和物体运动的初、末运动状态，求出研究过程的初、末动能（关系式）；最后由动能定理列方程求解。

典型例题

例题　图 4-2 所示，质量为 M 的木块放在水平台面上，台面比水平地面高出 $h = 0.2\text{m}$，木块离台的右端 $L = 1.7\text{m}$。质量为 $m = 0.1M$ 的子弹以 $v_0 = 180\text{m/s}$ 的速度水平射向小块，并以 $v = 90\text{m/s}$ 的速度水平射出，木块运动到台面边缘的速度为 8m/s，求木块与台面间的动摩擦因数为 μ。

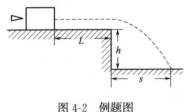

图 4-2　例题图

解析：本题的物理过程可以分为两个阶段，在其中两个阶段中有机械能损失：子弹射穿小块阶段和木块在台面上滑行阶段。所以本题必须分两个阶段列方程：

子弹射穿木块阶段，对系统用动量守恒，设木块末速度为 v_1

则

$$mv_0 = mv + Mv_1 \quad ①$$

木块在台面上滑行阶段对木块用动能定理，设木块离开台面时的速度为 v_2，

有：$\mu MgL = \dfrac{1}{2}Mv_1^2 - \dfrac{1}{2}mv_2^2 \quad ②$

由①、②可得 $\mu = 0.5$

达标检测

1.下列关于运动物体所受的合外力、合外力做功和动能变化的关系，正确的是（　　）。

A. 如果物体所受的合外力为零，那么，合外力对物体做的功一定为零

B. 如果合外力对物体所做的功为零，则合外力一定为零

C. 物体在合外力作用下做变速运动，动能一定变化

D. 物体的动能不变，所受的合外力必定为零

2.关于做功和物体动能变化的关系，不正确的是（　　）。

A. 只要动力对物体做功，物体的动能就增加

B. 只要物体克服阻力做功，它的动能就减少

C. 外力对物体做功的代数和等于物体的末动能与初动能之差

D. 动力和阻力都对物体做功，物体的动能一定变化

3.一质量为1kg的物体被人用手由静止向上提升1m，这时物体的速度2m/s，则下列说法正确的是（　　）。

A. 手对物体做功12J

B. 合外力对物体做功12J

C. 合外力对物体做功2J

D. 物体克服重力做功10J

4.光滑水平面上，静置一总质量为 M 的小车，车板侧面固定一根弹簧，水平车板光滑，另有质量为 m 的小球把弹簧压缩后，再用细线拴住弹簧，烧断细线后小球被弹出，离开车时相对车的速度为 v，则小车获得动能是（　　）。

A. $\frac{1}{2}mv^2$　　　B. $\frac{1m^2}{2M}v^2$　　　C. $\frac{1}{2}\frac{Mm^2}{(M-m)^2}v^2$　　　D. $\frac{1}{2}\frac{Mm^2}{(M-m)^2}v^2$

5.质量为1kg的物体从倾角为30°的光滑斜面上由静止开始下滑，重力在前3s内做功_____J，平均功率_____W；重力在第3s内做功_____J，平均功率_____W；物体沿斜面滑完3s时重力的瞬时功率_____W。

6.质量为 m 的滑块，由仰角 $\theta=30°$ 的斜面底端 A 点沿斜面上滑，如图4-3所示，已知滑块在斜面底时初速度 $v_0=4$m/s，滑块与接触面的动摩擦因数均为0.2，且斜面足够长，求滑块最后静止时的位置。

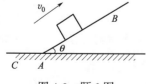

图4-3　题6图

图4-4　题7图

7.如图4-4所示，质量为 m 小球被用细绳经过光滑小孔而牵引在光滑水平面上做圆周运动，拉力为 F_1 时，匀速转动，半径为 R_1，当细绳拉力为 F_2 值，小球仍做匀

速圆周运动，转动半径为 R_2，求此过程拉力 F 所做的功。

▶ 4.3 势能

学习目标

1. 理解重力势能的概念，会计算重力势能；
2. 理解重力势能的变化和重力做功的关系；
3. 理解弹性势能的概念，会计算弹性势能；
4. 了解保守力和非保守力的区别。

重点难点

1. 会用重力势能的定义式进行计算；
2. 重力势能的变化和重力做功的关系。

知识诠释

1. 重力势能 物体由于被举高而具有的能量。数学表达式为：$E_P=mgh$。关于重力势能应从下面几个方面加强认识。重力势能是属于系统的，是物体和地球这一系统共同所有，单独一个物体谈不上具有势能。即如果没有地球，物体谈不上有重力势能。平时说物体具有多少重力势能，是一种习惯上的简称：重力势能是相对量，它随参考点的选择不同而不同，要说明物体具有多少重力势能，首先要指明参考点（即零点）重力势能是标量，它没有方向。但是重力势能有正、负。此处正、负不是表示方向，而是表示比零点的能量状态高还是低。势能大于零表示比零点的能量状态高，势能小于零表示比零点的能量状态低。零点的选择不同则势能值表述不同，重力势能的改变量与参考平面的选择无关。即势能是相对的，势能的变化是绝对的，势能的变化与零点的选择无关。

2. 重力做功与重力势能的关系

（1）重力做功的特点：重力对物体做的功只跟起点和终点的位置有关，而跟物体的运动的路径无关。即重力是保守力。

（2）重力势能与重力做功的联系：重力做的功等于物体的重力势能增量的负值。

即 $$W_G=mgh_1-mgh_2=-\Delta E_P$$

当物体上升时，重力做负功，即 $mgh_1<mgh_2$，重力势能增加；物体高度下降时，重力做正功，即 $mgh_1>mgh_2$，重力势能降低。

3. 弹性势能 发生形变的物体的各部分之间，由于有弹力的相互作用而具有势能。数学表达式为：$E_P=\dfrac{1}{2}kx^2$。应注意，式中 x 表示弹簧的伸长量（相对于原长），而不是弹簧的长度。

弹性势能也是属于系统的。弹性势能是标量、状态量。弹性势能也是相对量，其大小在选定了零势能点后才有意义。对弹簧，零势能点一般选弹簧的自由长度时为零。弹性势能与弹力做的功的联系：弹力做的功等于弹簧的弹性势能的减小。

4. 保守力和非保守力 这是从力做功的特点方面，将力分为保守力和非保守力。保守力做功的特点是与运动路径无关，仅由物体所在的初位置和末位置有关。像重力、弹簧的弹力以及后面学习的万有引力、分子力和电场力等都是保守力。

典型例题

例题 1 石块自由下落过程中，由 A 点到 B 点重力做的功为 10J，下列说法正确的是（　　）

A. 由 A 到 B，石块的重力势能减少了 10J

B. 由 A 到 B，功减少了 10J

C. 由 A 到 B，10J 的功转化为石块动能

D. 由 A 到 B，10J 的重力势能转化为石块的动能

解析：功是能量转化的量度。石块自由下落过程中，动能和势能相互转化。所以正确选项应是 A、D。

例题 2 一根压缩的弹簧把一个小球弹出时，弹力对小球做了 500J 的功，则弹簧和小球组成的系统的弹性势能减少了多少？小球的动能增加了多少？

解析：弹簧将小球弹出的过程中，弹性势能和小球的动能相互转化。所以弹簧对小球做 500J 的功，弹性势能减少 500J，转化为小球的动能。因此，小球的动能增加了 500J。

达标检测

1. 关于重力势能的下列说法中正确的是（　　）。

A. 重力势能的大小只由重物本身决定

B. 重力势能恒大于零

C. 在地面上的物体，它具有的重力势能一定等于零

D. 重力势能实际上是物体和地球所共有的

2. 关于重力势能与重力做功的下列说法中正确的是（　　）。

A. 物体克服重力做的功等于重力势能的增量

B. 在同一高度，将物体以初速度 v_0 不同的方向抛出到落地过程中，重力做的功相等，物体所减少的重力势能一定相等

C. 重力势能等于零的物体，不可能对别的物体做功

D. 用手托住一个物体匀速上举时，手的支持力做的功等于克服重力做的功与物体所增加的重力势能之和

3. 某人用力将一质量为 m 的物体从离地面高为 h 的地方竖直上抛，上升的最大高度为 H（相对于抛出点），设抛出时初速度为 v_0，落地时速度为 v_1，那么此人在抛

出物体过程中对物体所做功为（　　）。

A. mgH　　　　B. mgh　　　　C. $\frac{1}{2}mv_t^2-mgh$　　　　D. $\frac{1}{2}mv_0^2$

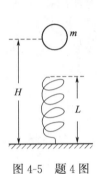

图 4-5　题 4 图

4. 如图 4-5 所示，轻质弹簧原长为 L，竖直固定在地面上，质量为 m 的小球，由离地面高度为 H 处，由静止开始下落，正好落在弹簧上，使弹簧的最大压缩量为 x，在下落过程中，小球受到的空气阻力恒为 f，则弹簧住最短时具有的弹性势能为（　　）。

A. $(mg-f)(H-L+x)$

B. $mg(H-L+x)-f(H-L)$

C. $mgH-f(H-L)$

D. $mg(L-x)+F(H-L+x)$

5. 用起重机将质量为 m 的物体匀速地吊起一段距离，那么作用在物体上的各力的做功情况，正确的是（　　）。

A. 重力做正功，拉力做负功，合力做功为零

B. 重力做负功，拉力做正功，合力做正功

C. 重力做负功，拉力做正功，合力做功为零

D. 重力不做功，拉力做正功，合力做正功

4.4　机械能守恒定律

学习目标

1. 掌握机械能守恒定律，知道它的含义和适用条件；
2. 会用机械能守恒定律解决力学问题。

重点难点

1. 机械能守恒定律含义和适用条件；
2. 应用机械能守恒定律解决力学问题。

知识诠释

1. 机械能　动能、重力势能、弹性势能统称机械能。即 $E=E_K+E_P$

2. 机械能守恒定律　只有重力或弹力做功的物体系统内，动能和势能之间相互转化，机械能的总量保持不变。这就是机械能守恒定律。

机械能守恒定律的研究对象一定是系统，至少包括地球在内。通常我们说"小球的机械能守恒"其实一定包括地球在内，因为重力势能就是小球和地球所共有的。另外，小球的动能中所用的 v，也是相对于地面的速度。当研究对象（除地球以外）只有一个物体时，往往根据是否"只有重力做功"来判定机械能是否守恒；当研究对

象（除地球以外）由多个物体组成时，往往根据"没有摩擦力和阻力"来判定机械能是否守恒。"只有重力做功"不等于"只受重力作用"，在运动过程中，物体可以受其他力的作用，只要这些力不做功，或所做功的代数和为零，就可以认为是"只有重力做功"。

3. 机械能守恒定律解题步骤

（1）确定研究对象和研究过程；

（2）判断机械能是否守恒；

（3）选择零势能面，根据机械能守恒定律列方程求解。

典型例题

例题 如图 4-6 示，$m_A=4$kg，$m_B=1$kg，A 与桌面动摩擦因数 $\mu=0.2$，B 与地面间的距离 $s=0.8$m，A、B 原来静止。求：

① B 落到地画时的速度？

② B 落地后，A 在桌面上能继续滑行多远才能静止下来？（g 取 10m/s²）

解析： B 下落过程中，它减少的重力势能转化为 A 的动能和 A 克服摩擦力做功产生的热能，B 下落高度和同一时间内 A 在桌面上滑动的距离相等、B 落地的速度和同一时刻 A 的速度大小相等。

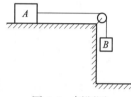

图 4-6 例题图

由以上分析，根据能量转化和守恒有：

$$m_B g s_B = \frac{1}{2}m_B v_B^2 + \frac{1}{2}m_A v_A^2 + \mu m_A g s_A$$

因为 $v_A = v_B$、$s_A = s_B$

所以 $v_B^2 = \dfrac{2m_B - 2\mu m_A}{m_A - m_B}gs = 0.64\,(\text{m/s}^2)$

$$v_B = 0.8\text{m/s}$$

B 落地后，A 以 $v_A = 0.8$m/s 初速度继续向前运动。运动过程中，A 物体克服摩擦力做功最后停下，则

$$-\mu m g s' = 0 - \frac{1}{2}m_A v_A^2$$

$$s' = \frac{v_A^2}{2\mu g} = 0.16\,(\text{m})$$

故 B 落地后，A 在桌面上能继续滑动 0.16m。

达标检测

1.关于机械能是否守恒的叙述，正确的是（　　）。

A.做匀速直线运动的物体的机械能一定守恒

B.做匀速度运动的物体机械能可能守恒

C. 外力对物体做功为零时，机械能一定守恒

D. 只有重力对物体做功，物体机械能一定守恒

2. 两个质量不等的小铁块 A 和 B，分别从两个高度相同的光滑斜面和圆弧斜坡的顶点由静止滑向底部，如图 4-7 所示，下列说法正确的是（   ）。

A. 下滑过程重力所做的功相等

B. 它们到达底部时动能相等

C. 它们到达底部时速率相等

D. 它们分别在最高点时机械能总和跟到达最低点时的机械能总和相等

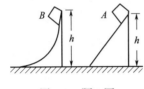

图 4-7 题 2 图

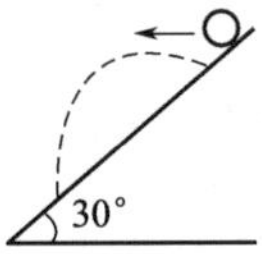

图 4-8 题 3 图

3. 如图 4-8 所示，小球做平抛运动的初动能为 6J，从倾角为 30° 的斜面上抛出并且落在该斜面上。若不计空气的阻力，则它落到斜面上的动能为（   ）。

A. 10J　　　　B. 12J　　　　C. 14J　　　　D. 8J

4. 质量为 m 的物体，从静止开始以 $2g$ 的加速度竖直向下运动 h 高度，那么（   ）。

A. 物体的重力势能减少 $2mgh$

B. 物体的动能增加 $2mgh$

C. 物体的机械能保持不变

D. 物体的机械能增加 mgh

5. 如图 4-9 所示，用长为 l 的绳子一端系着一个质量为 m 的小球，另一端固定在 O 点，拉小球至 A 点，此时绳偏离竖直 θ 方向角，不计空气阻力，松手后小球经过最低点时的速率为（   ）。

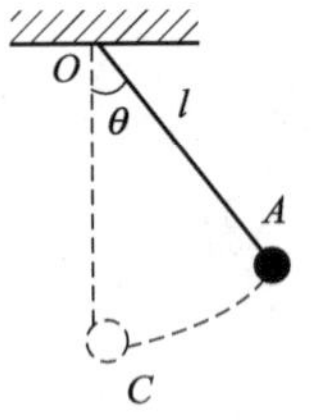

A. $\sqrt{2g\cos\theta}$

B. $\sqrt{2gl\,(1-\cos\theta)}$

C. $\sqrt{2mgl\,(1-\sin\theta)}$

图 4-9 题 5 图

D. $\sqrt{2gl}$

6. 如图 4-10 所示，光滑 1/4 圆弧 AB，半径为 0.8m，有一质量为 1kg 的物体自 A 点从静止开始下滑到 B 点，然后沿水平面前进 4m，到达 C 点停止。g 取 10m/s²，求：

（1）物体到达 B 点时的速率；

（2）在物体沿水平面运动的过程中摩擦力做的功；

（3）物体与水平面间的动摩擦因数。

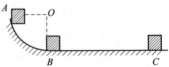

图 4-10 题 6 图

7. 在高为 H 的桌面上以速度 v 水平抛出质量为 m 的物体，当物体落到距地面高为 h 处，如图 4-11 所示，不计空气阻力，正确的说法是（　　）。

A. 物体在 A 点的机械能为 $mv^2/2+mgh$

B. 物体在 A 点的机械能为 $mgH+mv^2/2$

C. 物体在 A 点的动能为 $mgh+mv^2/2$

D. 物体在 A 点的动能为 $mg(H-h)+mv^2/2$

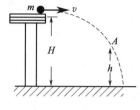

图 4-11　题 7 图

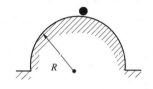

图 4-12　题 8 图

8. 一个小球从光滑的半球的顶点由静止开始滚下，半球的半径为 0.4m，如图 4-12 所示，当物体落到地面上时的速度大小是_____ m/s（g 取 10m/s^2）。

第5章

曲线运动

本章以曲线运动的两种特殊情况——平抛运动和匀速圆周运动为例，研究物体做曲线运动的条件和规律；以天体的运动为例，建立万有引力定律并分析其重要应用。

通过本章的学习，要明确物体做曲线运动的条件和如何描述曲线运动，学会运动合成和分解的基本方法，同时要进一步认识到牛顿运动定律对不同形式的机械运动是普遍适用的，万有引力定律在天体运动、人造卫星的发射中的应用。另外，在研究不同的运动时要注意各自的特点，对具体问题具体分析，学会灵活运用所学的知识。

5.1 曲线运动

 学习目标

1. 了解曲线运动是变速运动；掌握曲线运动中速度的方向是沿轨迹的切线方向。
2. 理解物体做曲线运动的条件。

重点难点

掌握利用物体做曲线运动的条件来判断恒力的方向。

 知识诠释

物体的运动轨迹是曲线的运动被称为曲线运动。大多数的物体的运动都是曲线运动。如：水平抛出的物体在落到地面的过程中是曲线运动；月亮围绕地球转动，轨道接近圆是曲线运动。做曲线运动的物体在某一点的速度方向是沿曲线上该点的切线方向。做曲线运动的物体所受合力的方向跟速度方向不在一条直线上，必然会产生加速度，因此曲线运动是变速运动。

1. 曲线运动速度的方向

（1）曲线运动　运动轨迹是曲线的运动称为曲线运动。大多数的物体的运动都是曲线运动。如宇宙空间中的天体运动；在空中水平抛出的石块；原子核内的电子的运动等。还有一些物体的运动在短时间内的运动可以看成是直线运动，而长时间的观察就会看到是做曲线运动，如火车的运动、汽车的运动等。

（2）描述曲线运动的重要物理量——速度　速度是一个矢量，既有大小又有方向。如果物体在运动过程中只有速度大小的变化而速度方向不变，说明物体只能做直线运动。因此，若物体做曲线运动，表明物体的速度方向发生了变化。

从观察实验现象可以知道，做曲线运动的物体脱离约束后，则从曲线某点的切线方向上开始做直线运动。根据牛顿第一定律可以做出这样的分析：物体脱离约束后不受外力的作用，由于惯性会保持脱离曲线时的速度做匀速直线运动。由实验观察和分析可知，物体做曲线运动时，速度方向时刻在改变，任一时刻（或任一位置）的瞬时速度的方向与这一时刻物体所在位置处的曲线的切线方向一致，并指向物体的运动方向。然而速度是矢量，物体做曲线运动时，速度方向不断地改变，不管它的速度大小有没有变化，它都在做变速运动。

（3）曲线运动的性质　速度是矢量，速度的变化，不仅指速度大小的变化，也包括速度方向的变化。做曲线运动物体的速度方向时刻在发生变化，所以曲线运动是一种变速运动。

2. 物体做曲线运动的条件

（1）物体做曲线运动的条件　曲线运动既然是一种变速运动，因此做曲线运动的物体一定具有加速度，由牛顿第二定律可知，其合外力一定不为零。当运动物体所受的合外力的方向与物体的速度方向在同一条直线上（同向或反向）时，物体做直线运动，这时合外力只改变速度的大小，不改变速度的方向。当运动物体所受的合外力的方向与物体的速度方向不在同一条直线上时，可将合外力分解到沿着速度方向和垂直方向上，沿着速度方向的分力改变速度的大小，垂直速度方向上分力改变速度的方向，这时物体做曲线运动。若合外力与速度方向始终垂直，物体就做速度大小不变、方向不断改变的曲线运动。若合外力为恒力，物体就做匀变速曲线运动。因而，物体做曲线运动的条件是：物体所受的合外力的方向与它的速度方向不在同一条直线上。

（2）曲线运动中物体所受合外力的作用效果　将物体所受合外力分解到沿曲线切线方向和沿法线方向（与切线垂直）上。沿曲线切线方向的分力 F_1 产生切线方向的加速度 a_1，加速度 a_1 改变速度的大小。当 a_1 和 v 同向时，速率增大，当 a_1 和 v 反向时，速率减小。如果物体做曲线运动的速率不变，说明 $a_1=0$，则 $F_1=0$，此时的合外力一定与速度方向垂直。沿法向方向的分力 F_2 产生法线方向的加速度 a_2，加速度 a_2 改变速度的方向。由于曲线运动的速度方向时刻在改变，因而合外力的这一作用效果对任何曲线运动总是存在的。

　　物体做什么样的运动取决于其所受合外力。若物体所受的合外力为恒力，物体就做匀变速运动，当轨迹是直线时为匀变速直线运动，当轨迹是曲线时为匀变速曲线运动；若物体所受的合外力为变力，物体就做变加速曲线运动。

学习指导

　　1.正确判断物体是做直线运动还是曲线运动：判断时根据物体做曲线运动的条件进行分析。①判断物体的初速度方向；②分析合外力的方向；③分析两个方向的关系。

　　2.曲线运动是一种变速运动。可能是匀变速曲线运动（合外力为恒力），也可能是非匀变速曲线运动（合外力为变力）。

典型例题

　　例题 1　关于曲线运动的速度，下列说法正确的是（　　）。

　　A.速度的大小与方向都在时刻变化

　　B.速度的大小不断发生变化，速度的方向不一定发生变化

　　C.速度的方向不断发生变化，速度的大小不一定发生变化

　　D.质点在某一点的速度方向是在曲线的这一点的切线方向

　　解析：本题重点把握物体做曲线运动时速度的特点。物体做曲线运动时速度的方向沿曲线的切线方向，而曲线上不同点的切线方向是不同的，所以速度的方向是不断发生变化的，因而 B 错，D 对；如果没有沿切线方向的合外力的作用，速度的大小是不会发生变化的，因而 A 错，C 对。

　　答案：CD

　　例题 2　关于曲线运动的性质，以下说法正确的是（　　）。

　　A.曲线运动一定是变速运动

　　B.曲线运动一定是变加速运动

　　C.变速运动不一定是曲线运动

　　D.运动物体的速度大小、加速度大小都不变的运动一定是直线运动

　　解析：本题重点把握物体曲线运动的特点。曲线运动的速度方向是时刻发生变化的，因此是变速运动，则 A 对；加速度是否发生变化要看合外力是否也发生变化，平抛的物体做曲线运动，但加速度不变，则 B 错；变速运动也可能是只有速度的大小发生变化，它就不是曲线运动，则 C 对；只要速度的方向发生变化，物体就一定做曲线运动，则 D 错。

　　答案：AC

达标检测

　　1.关于物体做曲线运动的条件，以下说法中正确的是（　　）。

A. 物体在恒力作用下，一定做曲线运动

B. 物体在受到与速度成角度的力作用下，一定做曲线运动

C. 物体在变力作用下，一定做曲线运动

D. 物体在变力作用下，不可能做匀速圆周运动

2. 以下说法中正确的是（　　）。

A. 只要物体的运动速度不变，物体运动状态就没有变化

B. 做匀速圆周运动的物体，它的运动状态是不发生变化的

C. 运动物体具有加速度是物体运动状态发生变化的标志

D. 运动中物体加速度的大小与物体运动速度大小无关

3. 关于运动物体的轨迹与所受合外力的关系，下列叙述中正确的有（　　）。

A. 受恒力作用的物体一定做直线运动

B. 做曲线运动的物体一定受变力作用

C. 做曲线运动的物体所受合外力必不为零

D. 受变力作用的物体一定做曲线运动

4. 下列说法中正确的有（　　）。

A. 做曲线运动的物体如果速度大小不变，其加速度为零

B. 如果不计空气阻力，任何抛体运动都属匀变速运动

C. 做圆周运动的物体，如果角速度很大，其线速度也一定大

D. 做圆周运动物体所受合力必然时刻与其运动方向垂直

5. 物体受到几个外力的作用而做匀速直线运动，如果撤掉其中的一个力，它可能做（　　）。

A. 匀速直线运动

B. 匀加速直线运动

C. 匀减速直线运动

D. 匀变速曲线运动

6. 关于物体的运动，下列说法中正确的是（　　）。

A. 物体做曲线运动时，它所受的合外力一定不为零

B. 做曲线运动的物体，有可能处于平衡状态

C. 做曲线运动的物体，速度方向一定时刻改变

D. 做曲线运动的物体，受到的合外力的方向有可能与速度方向在一条直线上

5.2 平抛运动

学习目标

1. 了解什么是合运动，什么是分运动，理解合运动和分运动是同时发生的，并且

互不影响，各自独立；

2.了解什么是运动的合成，什么是运动分解，理解运动的合成和分解的方法——平行四边形定则；

3.了解平抛运动的定义及物体做平抛运动的条件，掌握平抛运动的特点；

4.掌握平抛运动的基本规律并加以应用。

重点难点 ✎

1.判断两个直线运动的合运动的轨迹；

2.如何将一个实际运动进行分解，对诸如渡河、下雨、刮风等实际问题的进行分析；

3.利用所给条件计算平抛物体的初速度并确定平抛运动的初始位置坐标。

知识诠释 📚

把物体以一定的初速度沿水平方向抛出，不考虑空气阻力，物体只在重力作用下所做的运动，叫做平抛运动。平抛运动可以看成是水平方向的匀速运动和竖直方向的自由落体运动的合成，平抛运动是生活、生产中常见的运动。力的合成与分解遵循平行四边形定则，运动的合成与分解也遵循平行四边形定则。理论与实践都证明：力、速度、位移、加速度等矢量的合成与分解都遵循平行四边形定则，而且合运动和分运动是同时发生的，互不影响，各自独立的。

1. 运动的合成与分解

研究运动的合成与分解的目的在于把一些复杂的运动简化为比较简单的直线运动，这样就可以应用已经掌握的有关直线运动的规律，来研究一些复杂的曲线运动，因而运动的合成与分解是解决复杂的曲线运动的一种基本方法。

（1）运动的合成：由分运动求合运动的过程。

（2）运动的分解：由合运动求分运动的过程。

（3）运动的合成与分解遵循平行四边形法则。

（4）一些常见的运动的合成情况

① 一个速度为 v_0 的匀速直线运动和另一个同方向的初速度为零、加速度为 a 的匀加速直线运动的合运动是初速度为 v_0 匀加速直线运动，其合速度 $v_t = v_0 + at$，合位移 $s = v_0 t + \dfrac{1}{2} at^2$。

② 一个竖直向上的速度为 v_0 的匀速直线运动和另一个自由落体运动的合运动是竖直上抛运动，其合速度 $v_t = v_0 - gt$，合位移 $s = v_0 t - \dfrac{1}{2} at^2$。

③ 两个匀速直线运动（无论是在一条直线的还是互成角度的）的合成，仍是匀速直线运动。

④ 一个匀速直线运动和一个不在同一直线上的匀加速直线运动合成后，由于合

加速度与合速度不在同一直线上，其合运动为曲线运动。

（5）运动分解的原则　运动分解是运动合成的逆运算，运动分解应遵守以下原则：

① 根据运动的效果确定运动分解的方向；

② 应用平行四边形定则，画出运动分解图；

③ 将平行四边形化为三角形，应用数学知识求解。

2. 运动的独立性和等时性

（1）运动的独立性　一个运动如果由两个分运动合成，那么这两个运动彼此互不干扰、独立运动。

一个复杂的运动，分解为两个简单的分运动，这两个分运动可以在同一条直线上，也可以在互相垂直的两个不同方向上。这两个分运动是互不影响的，当一个分运动发生变化，另一个分运动仍然保持原来的运动状态。例如渡河问题：当船垂直河岸开动后，由于水流的影响，导致船航行方向的改变，不管水流速度大小如何变化，船的渡河时间是不会发生变化的。

（2）运动的等时性　由于合运动与分运动总是同时进行的，所以合运动经历的时间与分运动经历的时间必然相等。运动的等时性是联系分运动与分运动、分运动与合运动间的一条纽带。

3. 平抛运动的性质　运动的分解可以把一个复杂的运动分解为两个比较简单的分运动，我们利用这一方法来研究平抛运动。

（1）概念　将物体以一定的初速度沿水平方向抛出，不考虑空气阻力，物体只在重力作用下的所做的运动，叫做平抛运动。

（2）特点

① 具有水平方向的初速度 v_0；

② 只受重力作用；其加速度大小 $a=g$，方向竖直向下；

③ 物体运动的加速度 $a=g$，方向、大小均不变，故平抛运动是匀变速曲线运动。

（3）物体做平抛运动的条件　物体只受重力作用，初速度沿水平方向且不为零。平抛运动是匀变速曲线运动，其轨迹是抛物线的一部分。

4. 平抛运动的规律　平抛运动可以分解成竖直方向的自由落体运动和水平方向的匀速直线运动。

（1）水平方向的分运动是匀速直线运动：物体以初速度 v_0 水平抛出，则沿 x 轴方向有 $x=v_0t$。

（2）竖直方向的分运动是自由落体运动：在竖直方向有 $y=\frac{1}{2}gt^2$。

由 $y=\frac{1}{2}gt^2$ 知，平抛物体下落高度为 h 时，则有 $h=\frac{1}{2}gt^2$，运动时间 $t=\sqrt{\frac{2h}{g}}$，即物体的运动时间决定于物体的下落高度。

（3）竖直方向的分运动、水平方向的分运动与合运动具有等时性，即平抛运动的时间与等高度自由落体时间相同。

学习指导

1. 各分运动具有独立性，互不干扰；合运动与分运动、分运动与分运动具有等时性；运动的合成与分解遵循平行四边形定则。

2. 物体实际表现的运动是合运动。

3. 平抛运动是一种特别而又典型的曲线运动，这种匀变速曲线运动在解题思路上很明确，即利用水平方向上匀速运动、竖直方向上自由落体运动的规律解题。

典型例题

例题 1 如图 5-1(a) 所示，在河岸上用细绳拉船，使小船靠岸，拉绳的速度为 v，当拉船头的细绳与水平面的夹角为 θ 时，船的速度大小为_____。

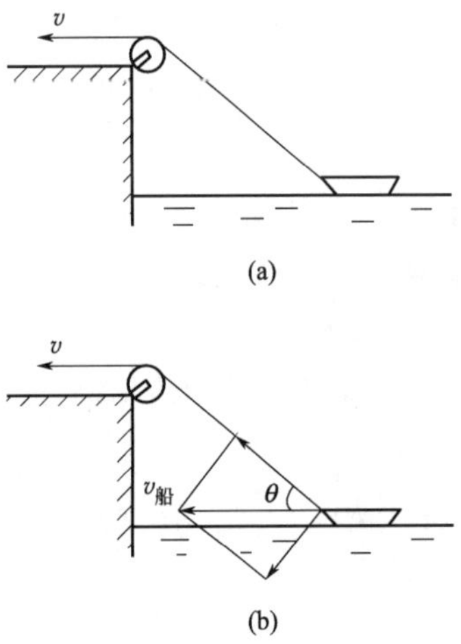

解析： 本题首先要分析小船的运动与拉绳的运动之间有什么样的关系，即哪个是合运动，哪个是分运动。

设某一时刻船的瞬时速度 v_0 与拉绳的夹角为 θ，根据小船的实际运动方向就是合速度的方向可知，v_0 就是合速度，所以小船的运动可以看作两个分运动的合成：一是沿拉绳的方向被牵引，绳长缩短，绳长缩短的速度即等于 v；二是垂直于拉绳以定滑轮为圆心的摆动，它不改变绳长，只改变夹角 θ 的值，这样就可以将 $v_{船}$ 按图 5-1(b) 的方向进行分解，得 $v_{船} = \dfrac{v}{\cos\theta}$。

图 5-1 例题 1 图

例题 2 关于平抛运动的性质，以下说法中正确的是（　　）。

A. 变加速运动

B. 匀变速运动

C. 匀速率曲线运动

D. 不可能是两个直线运动的合运动

解析： 本题要把握好平抛运动是匀变速运动及速度的矢量性，平抛运动的物体只受重力作用，故 $a = g$ 即做匀加速曲线运动，因此 A 错，B 对，C 错；平抛运动可以分解成竖直方向的自由落体运动和水平方向的匀速直线运动，因此 D 错。

例题 3 从同一高处，沿同一水平方向同时抛出两个物体，它们的初速度分别是 v_0 和 $3v_0$，则两物体落地时间之比是（　　），水平方向位移之比是（　　）。

A. 1∶1　　　　　B. 1∶3　　　　　C. 3∶1　　　　　D. 2∶1

解析： 本题重点把握合运动与分运动、分运动与分运动具有等时性，可得两物体落地时间之比是 1∶1；平抛运动水平方向的分运动是匀速直线运动，由 $x = v_0 t$，可得位移之比是 3∶1。所以正确答案是 A、C。

例题 4 已知物体做平抛运动路径上有 A、B、C 三个点，它们在以初速度方向为 x 轴正向，以竖直向下为 y 轴正向的直角坐标系中的坐标是：A（20，15），B（40，40），C（60，75），单位是 cm（厘米），求物体做平抛运动初速度 v_0。

解析：本题重点把握平抛运动的规律：水平方向的分运动是匀速直线运动，竖直方向的分运动是 $a=g$ 的自由落体运动。物体在 A、B、C 位置间的水平距离都是 20cm，可知物体从 A 运动到 B、和从 B 运动到 C 所用的时间相等。

设物体从 A 运动到 B 的时间为 t，根据匀变速直线运动特点：$\Delta x=gt^2$ 得

$$t=\sqrt{\frac{\Delta x}{g}}=\sqrt{\frac{(0.75-0.4)-(0.4-0.15)}{10}}=0.1(s)$$

物体抛出的初速度 v_0 可由水平方向的分运动 $x=v_0t$ 求出，物体在 0.1s 内的位移 $x=0.2$m，则 $v_0=\dfrac{0.2}{0.1}=2.0$m/s。

达标检测

1. 以速度 v_0 水平抛出一个物体，已知它落地速度大小等于初速的 2 倍，则抛出点离地面的高度为（　　）。

A. $\dfrac{v_0^2}{2g}$ 　　　　B. $\dfrac{2v_0^2}{2g}$ 　　　　C. $\dfrac{3v_0^2}{2g}$ 　　　　D. $\dfrac{2v_0^2}{g}$

2. 关于互成角度的一个匀速直线运动和一个匀变速直线运动的合运动正确的说法是（　　）。

A. 一定是直线运动

B. 一定是曲线运动

C. 可能是直线也可能是曲线运动

D. 以上说法都不正确

3. 关于运动的合成与分解，下列说法中正确的是（　　）。

A. 两个速度大小不等的匀速直线运动的合运动一定是匀速直线运动

B. 两个直线运动的合运动一定是直线运动

C. 合运动是加速运动时，其分运动中至少有一个是加速运动

D. 合运动是匀变速直线运动时其分运动中至少有一个是匀速直线运动

4. 决定一个平抛运动总时间的因素是（　　）。

A. 抛出时的初速度

B. 抛出时的竖直高度

C. 抛出时的竖直高度和初速度

D. 与做平抛物体的质量有关

5. 以 20m/s 的初速度将一物体由足够高的某处水平抛出，当它的竖直速度跟水平速度相等时经历的时间为_____；这时物体的速度方向与水平方向的夹角

_____；这段时间内物体的位移大小_____。（g 取 10m/s^2）

6.平抛物体的初速度 v_0，落地速度大小为 v_t，则物体的飞行时间为_____，下落高度是_____。

7.一物体被抛出后，第 1s 末时的速度方向与水平成 45°角，第 2s 末的速度方向恰好水平，则该物体的水平分速大小为_____。

8.如图 5-2 所示，一小球由距地面高为 H 处自由下落，当它下落了距离为 h 时与斜面相碰，碰后小球以原来的速率水平抛出。当 $h =$_____H 时，小球落地时的水平位移有最大值。

*9.如图 5-3 所示，轻质弹簧的劲度系数 $k = 100\text{N/m}$，物体质量 $m = 1\text{kg}$，光滑平台高 $h = 1.25\text{m}$。今用外力 F 将物体缓慢移动，使弹簧压缩 0.1m 后，突然撤去外力 F，物体将被弹出，物体落地点离平台边的水平距离多大？

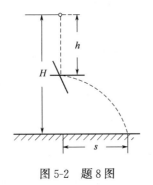

图 5-2　题 8 图

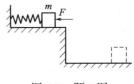

图 5-3　题 9 图

*10.一物体水平抛出，在落地前的最后 1s 内，其速度方向由跟水平方向成 30°角变为跟水平方向成 45°角，求物体抛出时的初速度大小与抛出点离地高度？（不计空气阻力）。

5.3　匀速圆周运动

学习目标

1. 了解什么是匀速圆周运动；
2. 理解线速度、角速度和周期的概念；
3. 掌握线速度、角速度和周期之间的关系及应用。

重点难点

对匀速圆周运动是变速运动的理解以及线速度、角速度和周期之间的关系掌握。

知识诠释

在我们的周围，与圆周运动有关的事物比比皆是。像机械钟表的指针、电风扇的叶片、汽车的车轮等，在转动时，其上的每一点都在做圆周运动。科学研究中大到地球围绕太阳的运动，小到电子围绕原子核的运动，也常用圆周运动的规律来讨论。在这节中，我们将要研究另一种典型的曲线运动——匀速圆周运动。对于这种运动的特殊性，我们将引入几个新概念来描述和研究匀速圆周运动。

1. 线速度、角速度、周期的概念

（1）匀速圆周运动　物体做圆周运动时，在任意相等的时间内通过的弧长都相等的圆周运动叫做匀速圆周运动。

（2）线速度 v

① 概念　线速度是质点做圆周运动通过的弧长 s 和所用的时间 t 的比值。

② 线速度是矢量，它既有大小，又有方向。

大小：$v = \dfrac{s}{t}$；方向：在圆周上各点的切线方向。

③ 物理意义　描述质点沿圆周运动的快慢。匀速圆周运动的线速度大小虽然不变，但速度的方向不断改变，所以匀速圆周运动不是匀速运动，而是变速运动。只有匀速直线运动才是匀速运动。

（3）角速度 ω

① 概念　角速度是指在匀速圆周运动中，连接运动质点和圆心的半径转过的角度 θ 与所用时间 t 的比值。

② 大小：$\omega = \dfrac{\theta}{t}$；单位：rad/s 或 rad·s^{-1}。

③ 匀速圆周运动是角速度不变的运动。

④ 物理意义　描述质点与圆心连线扫过角度的快慢。

（4）周期 T　周期是指做匀速圆周运动的物体，经过一周所用的时间，用 T 表示。

2. 线速度、角速度和周期之间的关系　对于匀速圆周运动，线速度 v 与角速度 ω 之间的关系是 $v = r\omega$；角速度 ω 与周期 T 之间的关系 $\omega = \dfrac{2\pi}{T}$；线速度 v 与周期 T 之间的关系 $v = \dfrac{2\pi r}{T}$。

 学习指导

1. 线速度是描述物体运动快慢的物理量，若比较两物体做匀速圆周运动的快慢，只看其线速度的大小即可。角速度、周期和转速也是描述物体转动快慢的物理量。物体做匀速圆周运动时，角速度越大、周期越小和转速越大，则物体运动得越快，反之则越慢。在半径不能确定的情况下，不能由角速度的大小判断线速度的大小，也不能由线速度的大小判断角速度的大小。

2. 在解决传动装置问题时，应紧紧抓住传动装置的特点：同轴传动的是角速度相等，皮带传动的是两轮边缘的线速度大小相等，再运用 $v = r\omega$ 找关系。

 典型例题

例题1 图5-4所示为一皮带传动装置，右轮的半径为 r，a 是它边缘上的一点。左

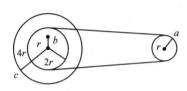

图5-4 例题1图

侧是一轮轴，大轮的半径为 $4r$，小轮的半径为 $2r$。b 点在小轮上，到小轮中心的距离为 r。c 点和 d 点分别位于小轮和大轮的边缘上。若在传动过程中，皮带不打滑。则 a 点、b 点、c 点的线速度大小之比为＿＿＿＿，a 点、b 点、c 点的角速度大小之比为＿＿＿＿。

分析：本题重点把握在解决传动装置问题时，同轴传动的是角速度相等，皮带传动的是两轮边缘的线速度大小相等。

解析：因为 b 点、c 点是固定在同一转轴转动，则 b 点、c 点的角速度相等，即 $\omega_b : \omega_c = 1 : 1$；$a$、$c$ 两轮通过皮带传动，皮带不打滑，则 a、c 两轮边缘的线速度大小相等，即 $v_a : v_c = 1 : 1$；

由于 $\omega = \dfrac{v}{r}$，$v_a = v_c$，$r_c = 2r_a$；

所以 $\omega_a : \omega_c = r_c : r_a = 2 : 1$；

则可以得到：$\omega_a : \omega_b : \omega_c = 2 : 1 : 1$

$v_a : v_b : v_c = 2 : 1 : 1$。

例题2 关于匀速圆周运动说法正确的是（　　　）。

A. 匀速圆周运动是匀速运动

B. 匀速圆周运动是变速运动

C. 匀速圆周运动的线速度不变

D. 匀速圆周运动的角速度不变

解析：本题重点把握匀速圆周运动的特点。匀速圆周运动速度的方向时刻在变，为一种变速运动，则 A 错，B 对；线速度为矢量，方向沿圆周的切线方向，线速度的方向时刻在变，则线速度是变化的，C 错；而匀速圆周运动的角速度是不变的，D 对。

例题3 一台准确走时的钟表上时针、分针、秒针的角速度之比 $\omega_1 : \omega_2 : \omega_3 = $ ＿＿＿＿＿＿，如果三针长度分别为 L_1、L_2、L_3，且 $L_1 : L_2 : L_3 = 1 : 1.5 : 1.5$，那么三针尖端的线速度之比 $v_1 : v_2 : v_3 = $ ＿＿＿＿＿＿。

解析：钟表上三针的运动情况为：时针转一圈为 12h，即它的周期为 $T_1 = 12h$，分针转一圈为 1h，即它的周期为 $T_2 = 12h$，秒针转一圈为 1min，即它的周期为 $T_3 = \dfrac{1}{60}h$。

因为 $\omega = \dfrac{2\pi}{T}$，所以 $\omega_1 : \omega_2 : \omega_3 = \dfrac{1}{T_1} : \dfrac{1}{T_2} : \dfrac{1}{T_3} = \dfrac{1}{12} : 1 : 60 = 1 : 12 : 720$；

由于 $v=r\omega$，则 $v_1:v_2:v_3=(\omega_1 L_1):(\omega_2 L_2):(\omega_3 L_3)=1:18:1080$。

达标检测

1. 下列说法中正确的是（　　）。

A. 做曲线运动的物体如果速度大小不变，其加速度为零

B. 如果不计空气阻力，任何抛体运动都属匀变速运动

C. 做圆周运动的物体，如果角速度很大，其线速度也一定大

D. 做圆周运动物体所受合力必然时刻与其运动方向垂直

2. 关于做匀速圆周运动的物体的线速度、角速度和周期的关系，下面说法正确的是（　　）。

A. 线速度大的角速度一定大

B. 角速度大的半径一定小

C. 线速度大的周期一定小

D. 角速度大的周期一定小

3. 做匀速圆周运动的物体，10s 内沿半径是 20m 的圆周运动 100m，试求物体做匀速圆周运动时的①线速度的大小；②角速度的大小；③周期的大小。

4. a、b 两质点分别做匀速圆周运动，若在相同时间内，它们通过的弧长之比 $s_a:s_b=2:3$，转过的角度之比 $\theta_a:\theta_b=3:2$，则它们的周期之比 $T_a:T_b=$＿＿＿＿＿＿＿，线速度之比 $v_a:v_b=$＿＿＿＿＿＿＿。

5. 如图 5-5 所示，轮 1 与轮 2 通过皮带相连，半径分别为 10cm 和 20cm。A、B 分别为两轮边缘上的点，C 为轮 2 上的一点，距转轴 O_2 为 4cm，若轮 1 以 300r/mim 的转速匀速转动，并且皮带不打滑，则 A 点绕 O_1 轴转动的周期为＿＿＿＿＿，角速度为＿＿＿＿＿，B 点运动的线速度为＿＿＿＿＿，C 点的线速度为＿＿＿＿＿。

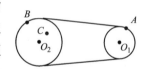

图 5-5 题 5 图

5.4　向心力和向心加速度

学习目标

1. 理解向心加速度和向心力的概念；

2. 了解匀速圆周运动中产生向心加速度的原因；

3. 掌握向心力与向心加速度之间的关系。会应用公式求圆周上某一点的向心加速度和向心力。

重点难点

1. 掌握向心力与向心加速度之间的关系，理解向心加速度公式；

2.利用向心力公式求解圆周运动问题。

知识诠释

物体做匀速圆周运动时其速度方向时刻发生变化，因而匀速圆周运动是一种变速曲线运动。而力是改变物体运动状态的原因。做匀速圆周运动的物体所受合外力有何特点？加速度又如何呢？

1. 向心加速度

（1）向心加速度　做匀速圆周运动的物体，加速度指向圆心，这个加速度称为向心加速度。

（2）向心加速度大小及方向　方向：指向圆心；

大小：$a_n = \dfrac{v^2}{r} = r\omega^2$

（3）几点说明

① 向心加速度总是指向圆心，方向始终与速度方向垂直，所以向心加速度的大小表示速度方向改变的快慢。

② 如果物体做匀速圆周运动，向心加速度就是物体运动的合加速度；如果物体做非匀速圆周运动（线速度大小时刻改变），合加速度必有一个沿切线方向的分量和指向圆心方向的分量，其指向圆心方向的分量就是向心加速度，此时向心加速度仍满足：

$$a_{向} = \frac{v^2}{r} = r\omega^2 。$$

2. 向心力　我们由前面所学的知识可以知道，力的作用效果之一是改变物体的运动状态，即改变速度的大小和方向，所以做圆周运动的物体一定受到力的作用，物体一定具有加速度，那么做圆周运动的物体受到的力与加速度有什么特点呢？

做匀速圆周运动的物体，会受到指向圆心的合力，这个合力称为向心力。

（1）向心力大小　将向心加速度的表达式代入牛顿第二定律，可得：

$$F_n = m\frac{v^2}{r} = m\omega^2 r$$

将 $\omega = \dfrac{2\pi}{T}$，$v = r\omega$ 等公式代入上式可得向心力公式的不同表达式：

$$F_n = m\frac{v^2}{r} = m\omega^2 r = m(\frac{2\pi}{T})^2 r = mv\omega$$

（2）几点说明

① 向心力总是指向圆心，而线速度沿圆周的切线方向，故向心力始终与线速度垂直，所以向心力的作用效果只是改变物体线速度的方向而不改变线速度的大小。

② 向心力是根据力的作用效果而命名的，它可以是重力、弹力、摩擦力等各种性质的力，也可以是它们的合力，还可以是某个力的分力。

③ 如果物体做匀速圆周运动，向心力就是物体受到的合外力；如果物体做非匀

速圆周运动（线速度大小时刻改变），那么向心力并非是物体受到的合外力。

3. 解圆周运动问题的基本步骤

（1）选取做圆周运动的物体作为研究对象；

（2）确定圆周运动的轨道平面、圆心位置和半径；

（3）对研究对象进行受力分析，画出受力示意图；

（4）运用平行四边形定则或正交分解法求出向心力 F；

（5）根据向心力公式 $F_n = m\dfrac{v^2}{r}$（$= m\omega^2 r = m\dfrac{4\pi^2}{T^2}r = mv\omega$），选择一种形式列方程求解。

学习指导

1. 匀速圆周运动具有周期性，即每经过一个周期物体都要重新回到原来的位置，其运动状态（如 v 和 a 的大小、方向）也要重复原来的情况。

2. 解决圆周运动的关键是分析清楚向心力的来源，分析向心力来源的步骤是：首先确定圆周运动的轨道面，其次找出轨道圆心的位置，然后分析圆周运动物体所受的力，画出受力示意图，最后找出这些力指向圆心方向的合外力就是向心力。

3. 由向心力公式 $F_n = m\dfrac{v^2}{r} = m\omega^2 r$ 可知，做匀速圆周运动物体的向心力与物体的质量、线速度或角速度、半径有关系，当线速度一定时，向心力与半径成反比，当角速度一定时，向心力与半径成正比。

典型例题

例题 1 关于向心加速度的说法正确的是（　　）。

A. 向心加速度越大，物体速率变化越快

B. 向心加速度的大小与轨道半径成反比

C. 向心加速度的方向与速度方向垂直

D. 在匀速圆周运动中向心加速度是恒量

解析： 向心加速度是描述速度变化快慢的物理量，但它只反映速度方向的变化快慢，而不改变速度的大小，则 A 错；当线速度一定时，向心力与半径成反比，当角速度一定时，向心力与半径成正比，可见向心力与半径的比例关系是有条件的，则 B 错；向心加速度的方向始终与速度方向垂直，匀速圆周运动中向心加速度方向始终指向圆心，方向在不断地变化，加速度不断变化，则 C 对，D 错。

例题 2 由于地球的自转，地球表面上各点均做匀速圆周运动，所以（　　）。

A. 地球表面各处具有相同大小的线速度

B. 地球表面各处具有相同大小的角速度

C. 地球表面各处具有相同大小的向心加速度

D. 地球表面各处的向心加速度方向都指向地球球心

解析：因为地球绕地轴自转，地球上各点有相同的角速度，但地球上各点到地轴的距离不同，各点转动半径不同，由 $v=r\omega$ 可知，地球表面各处线速度大小不同，则 A 错，B 对；由 $a_n=\dfrac{v^2}{r}=r\omega^2$，地球表面各处的向心加速度不同，C 错；向心加速度的方向都指向各点做圆周运动的圆心，即相应圆平面与地轴的交点，而非地球球心，D 错。所以正确答案是 B。

例题 3 关于向心力的说法中正确的是（　　）。

A. 物体由于做圆周运动而产生向心力

B. 向心力不改变圆周运动物体的速度的大小

C. 做匀速圆周运动的物体其向心力是不变的

D. 做圆周运动的物体所受的合外力一定是向心力

解析：力是改变物体运动状态的原因，因为有向心力物体才做圆周运动，而不是物体由于做圆周运动而产生向心力，A 错；向心力只是改变物体速度的方向而不改变速度的大小，B 对；匀速圆周运动中向心加速度方向始终指向圆心，方向在不断地变化，C 错；只有匀速圆周运动中合外力提供向心力，而非匀速圆周运动中向心力并非物体所受的合外力，D 错。所以正确答案是 B。

达标检测

1. 物体做匀速圆周运动时，不变的物理量是（　　）。

A. 向心力　　　　　B. 速度　　　　　C. 角速度　　　　　D. 加速度

2. 两颗人造卫星 A、B 绕地球做圆周运动，周期之比为 $T_a:T_b=1:8$，则轨道半径之比和运动速率之比为（　　）。

A. $R_a:R_b=4:1$，$v_a:v_b=1:2$

B. $R_a:R_b=4:1$，$v_a:v_b=2:1$

C. $R_a:R_b=1:4$，$v_a:v_b=1:2$

D. $R_a:R_b=1:4$，$v_a:v_b=2:1$

3. 质量为 m 的小球用长为 L 的细绳悬于 O 点，在 O 点正下方 $L/2$ 处有一钉子，把小球拉至与悬点成水平位置后由静止释放，当细绳碰到钉子瞬间，以下说法中正确的是（　　）。

A. 线速度突然增大为原来的 2 倍

B. 角速度突然增大为原来的 2 倍

C. 向心加速度突然增大为原来的 2 倍

D. 绳的拉力突然增大为原来的 2 倍

*4. 一轻杆一端固定质量为 m 的小球，以另一端为圆心，使小球在竖直平面内做圆周运动，以下说法正确的是（　　）。

A. 小球过最高点时，杆 a 所受的弹力可以等于零

B. 小球过最高点时的最小速度为零

C. 小球过最高点时，杆对球的作用可以与所受重力方向相反，此时重力一定大于杆对球的作用力

D. 小球过最高点时，杆对球的作用力一定与所受重力方向相反

*5. 劲度系数为 $k=100N/m$ 的一根轻质弹簧，原长为 10cm，一端拴一质量为 0.6kg 的小球，以弹簧的另一端为圆心，使小球在光滑水平面上做匀速圆周运动，其角速度为 10rad/s，那么小球运动时受到的向心力大小为_____。

6. 在一段半径为 R 的圆弧形水平弯道上，已知弯道路面对汽车轮胎的最大静摩擦力等于车重的 μ 倍，则汽车拐弯时的安全速度是_____。

*7. 质量为 m 的物体，沿半径为 R 的圆形轨道滑下，如图 5-6 所示，当物体通过最低点 B 时速度为 v_0，已知物体和轨道间的动摩擦因数 μ，则物体滑过 B 点时受到的摩擦力大小为_____。

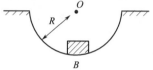

8. 绳系着装有水的水桶，在竖直平面内做圆周运动，水的质量 $m=0.5kg$，绳长 $L=60cm$，求：

（1）最高点水不流出的最小速度？

（2）水在最高点速率 $v=3m/s$ 时，水对桶底的压力？

图 5-6　题 7 图

5.5　万有引力定律

 学习目标

1. 掌握应用万有引力定律及应用；

2. 了解万有引力恒量的测定方法，增强对万有引力定律的感性认识。

 重点难点

1. 重力与万有引力的关系；

2. 应用万有引力定律求重力加速度。

知识诠释

我们已经学习了有关圆周运动的知识，我们知道做圆周运动的物体都需要一个向心力，而向心力是一种效果力，是由物体所受实际力的合力或分力来提供的。另外我们还知道，月球是绕地球做圆周运动的，那么我们想过没有，月球做圆周运动的向心力是由谁来提供的呢？

1. 万有引力定律

（1）引力思想的推广　任何两个物体都有"与两个物体的质量 m_1 和 m_2 的乘积成正比，与它们之间的距离 r 的二次方成反比"的引力作用。

（2）数学表达式　若用 m_1 和 m_2 表示两个物体的质量，用 r 表示它们之间的距

离，可用公式表示为：$F = G\dfrac{m_1 m_2}{r^2}$，式中 G 是比例常数，称为引力常数 $G = 6.67 \times 10^{-11} \text{N} \cdot \text{m}^2/\text{kg}^2$。

（3）适用条件

① 万有引力公式适用于质点间引力大小的计算。

② 对于可视为质点的物体间的引力求解也可以利用万有引力公式，如两物体间的距离远大于物体本身大小时，物体可以看成质点；均匀球体可视为质点集中于球心的质点。

③ 对万有引力定律的理解

a. 万有引力的普遍性。万有引力不仅存在于星球间，任何客观存在的有质量的物体间都存在着这种相互吸引的力。

b. 万有引力的相互性。两个物体间的相互作用的引力是一对作用力与反作用，它们大小相等，方向相反，分别作用在两个物体上。

c. 万有引力的宏观性。在通常情况下，万有引力非常小，只有在质量巨大的星球间或天体与天体附近的物体间，它的存在才有物理意义。故在分析地球表面物体受力时，不考虑地面物体对地球的万有引力，只考虑地球对地面物体的引力。

d. 万有引力的特殊性。两个物体间的万有引力只与它们本身的质量有关，与它们之间的距离有关，而与所在空间的性质无关。

2. 引力常数的测定

（1）引力常数的测定

根据查阅资料得到地球、月球的质量和半径，月球与地球之间的距离，月球绕地球一周的时间，由此可以估算 G 的大小，发现 G 值很小。

牛顿之后 100 多年，英国物理学家卡文笛许在实验室通过 n 个小铅球之间的万有引力的测定，比较准确的得到了 G 值，当时所测值 G 为 $6.745 \times 10^{-11} \text{N} \cdot \text{m}^2/\text{kg}^2$，目前标准值为 $6.67259 \times 10^{-11} \text{N} \cdot \text{m}^2/\text{kg}^2$，通常取 $6.67 \times 10^{-11} \text{N} \cdot \text{m}^2/\text{kg}^2$。

（2）引力常数测定的意义

① 物理学家卡文笛许通过改变质量和距离，证实了万有引力的存在和万有引力定律的正确性。

② 第一次测出了引力常数，使万有引力定律能进行定量计算，显示出真正的实用价值。

③ 标志着力学实验精密程度的提高，开创测量弱力的新时代。

3. 人造地球卫星

（1）人造地球卫星　将物体以水平速度从某一高度抛出，当速度增加时，水平射程增加，速度增加到某一值，物体就会绕地球做圆周运动，则此时物体就会成为地球的卫星，地球卫星的向心力是由地球对物体的万有引力来充当的。

（2）人造地球卫星的轨道　卫星绕地球做圆周运动的轨道可以是椭圆轨道，也可以是圆轨道。

卫星绕地球沿椭圆轨道运动时，地心是椭圆的一个焦点，其周期和半长轴的关系遵循开普勒第三定律。

卫星绕地球沿圆轨道运动时，地球对卫星的万有引力提供卫星绕地球运动的向心力，而万有引力指向地心，所以地心必须是卫星圆轨道的圆心。

（3）人造地球卫星的运行　卫星在轨道上运行时，卫星的轨道可以视为圆形，地球对卫星的万有引力提供卫星绕地球运动的向心力，设地球的质量为 M，卫星的质量为 m，卫星的轨道的为 r，线速度大小为 v，角速度为 ω，周期为 T，向心加速度为 a。

根据万有引力定律与牛顿第二定律得：

$$F = G\frac{m_1 m_2}{r^2} = ma = m\frac{v^2}{r} = m\omega^2 r = m\left(\frac{2\pi}{T}\right)^2 r = mv\omega$$

所以，卫星运行速度、角速度、周期和半径的关系为：

$$v = \sqrt{\frac{GM}{r}}，\quad \omega = \sqrt{\frac{GM}{r^3}}，\quad T = \sqrt{\frac{4\pi^2 r^3}{GM}}$$

4. 三个宇宙速度

（1）第一宇宙速度（环绕速度）　第一宇宙速度是指人造卫星近地环绕速度，它是人造卫星在地面附近环绕地球做匀速圆周运动所必需的速度，是人造地球卫星的最小发射速度，通过计算可得 $v_1 = 7.9\text{km/s}$。

（2）第二宇宙速度（脱离速度）　第二宇宙速度是指在地面上发射物体，使之能够脱离地球的引力作用，成为绕太阳运行的人造行星或飞到其他行星上去所必需的最小发射速度，通过计算可得 $v_2 = 11.2\text{km/s}$。

（3）第三宇宙速度（逃逸速度）　第三宇宙速度是指在地面上发射物体，使之能够脱离太阳的引力作用范围，飞到太阳系以外的宇宙空间所必需的最小发射速度，通过计算可得 $v_3 = 16.7\text{km/s}$。

（4）几点说明

① 这里的宇宙速度是指在地球上满足不同要求的发射速度，不能理解成运行速度。

② 当卫星的运行速度 $7.9\text{km/s} < v < 11.2\text{km/s}$ 时，卫星的轨道是椭圆形的，地球在椭圆的一个焦点上。

③ 当卫星的运行速度 $11.2\text{km/s} < v < 16.7\text{km/s}$ 时，卫星脱离地球束缚，成为太阳系的一颗"小行星"。

④ 当卫星的运行速度 $v \geqslant 16.7\text{km/s}$ 时，卫星脱离太阳的引力作用，逃到太阳系以外去。

学习指导

1. 利用万有引力定律解决天体运动问题可分为三类：

（1）天体间的相互作用、绕行；

（2）某物体在天体附近的运动（物体与天体间的距离恒定）；

（3）某天体的自转（忽略其他天体的影响）。

在实际计算时注意结合使用 $GM = gR^2$，此公式被称为"黄金代换"。

2. 将万有引力定律与匀速圆周运动运用在天体运动规律时，解决过程中应紧紧抓住万有引力提供了天体做圆周运动的向心力，可定量计算，也可定性分析。

3. 应用万有引力定律在发射火箭和人造地球卫星时，注意结合应用牛顿第二定律来解决问题。

典型例题

例题 1 某实心均匀球半径为 R，质量为 M，在球壳处离球面高 h 处有一质量为 m 的质点，其万有引力大小为（　　）。

A. $G\dfrac{Mm}{R^2}$ 　　　B. $G\dfrac{Mm}{(R+h)^2}$ 　　　C. $G\dfrac{Mm}{h^2}$ 　　　D. $G\dfrac{Mm}{R^2+h^2}$

解析：本题重点考查对万有引力定律的理解，依据万有引力公式 $F = G\dfrac{m_1 m_2}{r^2}$ 可知，如果 m_1 和 m_2 分别表示一个球和一个质点，则 r 是质点到球体球心的距离，依据题意可知，$r = R + h$，所以 M 与 m 之间的万有引力为 $G\dfrac{Mm}{(R+h)^2}$，则正确答案为 B。

例题 2 设地球表面重力加速度为 g_0，物体在距离地心 $4R$（R 是地球的半径）处，由于地球的作用而产生的加速度为 g，则为 g/g_0。（　　）。

A. 1 　　　　B. 1/9 　　　　C. 1/4 　　　　D. 1/16

解析：本题重点考查对万有引力定律的应用，地球表面处的重力加速度和在离地心 4R 处的加速度均是由地球对物体的万有引力产生的，所以有 $F = G\dfrac{m_1 m_2}{r^2} = mg$，

则 $\dfrac{g}{g_0} = \dfrac{r_0^2}{(4r)^2} = \dfrac{1}{16}$。

例题 3 在圆轨道上的质量为 m 的人造地球卫星，它到地面的距离等于地球半径 R，地面上的重力加速度为 g，则（　　）。

A. 卫星运动的速度为 $\sqrt{2Rg}$

B. 卫星运动的周期为 $4\pi\sqrt{\dfrac{2R}{g}}$

C. 卫星运动的加速度为 $\dfrac{1}{2}g$

D. 卫星运动的动能为 $\dfrac{1}{4}mgR$

解析：本题重点考查万有引力定律几种表达形式在实际问题中的应用。由万有引

力定律几种表达形式：$F=G\dfrac{m_1m_2}{r^2}=ma=m\dfrac{v^2}{r}=m\omega^2 r=m\left(\dfrac{2\pi}{T}\right)^2 r=mv\omega$，可以计算出卫星运行时速度、角速度、周期等运动物理量。万有引力充当向心力，由：

$$G\dfrac{Mm}{(R+R)^2}=m\dfrac{v^2}{2R}，又 g=\dfrac{GM}{R^2}，$$

则：$v=\sqrt{\dfrac{GM}{2R}}=\sqrt{\dfrac{gR}{2}}$，A 错；

$$T=\dfrac{2\pi\times 2R}{v}=\dfrac{4\pi R\sqrt{2}}{\sqrt{gR}}=4\pi\sqrt{\dfrac{2R}{g}}，B 对；$$

$$a=\dfrac{v^2}{r}=\dfrac{v^2}{2R}=\dfrac{g}{4}，C 错；$$

卫星动能：$E_K=\dfrac{1}{2}mv^2=\dfrac{mgR}{4}$，D 对。所以正确答案是 B、D。

例题 4　已知地球半径约为 6.4×10^2 m，月球绕地球的运动可近似看做匀速圆周运动，估算月球到地心的距离。（结果只保留一位有效数字）

解法一：若记住地球的质量 $M=5.98\times 10^{24}$ kg，月球绕地球的运动的周期 $T=27.3$ d $=2.36\times 10^6$ s，由万有引力充当向心力，则有 $\dfrac{GMm}{r^2}=m\dfrac{4\pi^2}{T^2}r$，解得：$r=\sqrt[3]{\dfrac{GMT^2}{4\pi^2}}$，代入数据得：$r=4\times 10^8$ m。

解法二：若没有记住 G、M 值，可以利用在地球表面处物体所受的重力等于万有引力，则 $mg=\dfrac{GMm}{R^2}$，得：$GM=gR^2$（R 指地球半径）。

由万有引力充当向心力，则有：$\dfrac{GMm}{r^2}=m\dfrac{4\pi^2}{T^2}r$，

则：$r=\sqrt[3]{\dfrac{GMT^2}{4\pi^2}}=\sqrt[3]{\dfrac{gT^2R^2}{4\pi^2}}$，

代入数据得：$r=4\times 10^8$ m。

达标检测

1.一个半径比地球大 2 倍，质量是地球 36 倍的行星，它表面的重力加速度是地球表面的重力加速度的（　　）。

A. 6 倍　　　　B. 18 倍　　　　C. 4 倍　　　　D. 13.5 倍

2.人造地球卫星绕地球做匀速圆周运动，其速率是（　　）。

A. 一定等于 7.9km/s　　　　B. 一定等于或小于 7.9km/s

C. 一定大于 7.9km/s　　　　D. 介于 7.9～11.2km/s 之间

3.关于地球同步卫星，下列说法正确的是（　　）。

A. 它一定在赤道上空运行

B. 它的高度和运动速率各是一个确定值

C. 它的线速度大于第一宇宙速度

D. 它的向心力加速度小于 $9.8m/s^2$

4. 月球的质量约为 $7.35\times10^{22}kg$，绕地球运行的轨道半径是 3.84×10^5km，运行的周期是 27.3d，则月球受到地球所施的向心力的大小是_____。

5. 我国在 1984 年 4 月 8 日成功地发射了一颗通信卫星，这颗卫星绕地球公转的角速度 ω_1 跟地球自转的角速度 ω_2 之比 $\omega_1/\omega_2 =$ _____。

6. 在某星球表面以初速度 v 竖直向上抛出一个物体，它上升的最大高度为 H。已知该星球的直径为 D，若要从这个星球上发射一颗卫星，它的环绕速度为_____。

7. 把一颗质量为 2t 的人造地球卫星送入环绕地球运行的圆形轨道，已知地球质量为 $6\times10^{24}kg$，半径为 6.4×10^3km。这颗卫星运行的周期是_____h。

8. 地球自转的周期是_____；地球的半径为 6400km，放在赤道上的物体随地球自转运动的线速度是_____。

9. 认为通信卫星是静止的，这是以_____作参照物；认为通信卫星做圆周运动是以_____作参照物。

10. 假如一人造地球卫星做圆周运动的轨道半径增大到原来的 2 倍，仍做圆周运动。则可知卫星的角速度将增大到原来的_____倍；卫星所受的向心力将变为原来的_____倍；卫星运动的线速度将减少到原来_____倍。

第**6**章

静电场

本章从电容、电荷的相互作用——库仑定律引入电场的概念，重点讲述了描述电场的两个物理量——电场强度和电势。电场强度描述了电荷作用力的性质；电势描述电场能的性质。正确理解电场强度和电势的物理意义，是掌握本章知识的关键。而静电场中的导体问题属于电场力的性质的研究，电场力的功、电势能的变化等又属于电场能的性质的讨论，带电粒子在匀强电场中的运动则是电场两个性质的综合运用。

本章知识具有三个特点：第一是基本概念多且抽象，同学们应在学习过程中弄清概念建立的背景，结合具体实例正确理解概念；第二是知识综合性很强，许多知识跟力学知识有密切的联系，学习过程中注意复习力学知识，把力学知识和电学知识结合起来，培养综合运用知识的能力；第三是知识在实际中有广泛的应用。从内容到习题、阅读材料，都与实际有广泛的联系。在学习中要理论联系实际，运用所学的理论知识分析、解决实际问题，同时更进一步理解物理知识，掌握所学内容。这是一条重要的学习原则。只有善于把学到的知识应用到实际中去，才能真正把物理知识学好。

6.1 电荷守恒定律

学习目标

1.掌握自然界存在两种电荷：正电荷与负电荷；了解摩擦起电和感应起电的性质；

2.理解电荷之间的相互作用；

3. 了解什么是元电荷；

4. 理解电荷守恒定律。

知识诠释

1. 电荷 自然界存在两种电荷：正电荷和负电荷。用丝绸摩擦过的玻璃棒带正电荷，用毛皮摩擦过的橡胶棒带负电荷。元电荷：$e=1.6\times10^{-19}$C，所有带电体的电荷量为该电荷的整数倍。

2. 使物体带电叫做起电 常见的起点方式有摩擦起电、感应起电、电离起电、接触起电等。

3. 电荷守恒定律 电荷既不能被创造，也不能被消灭，只能从一个物体转移到另一个物体，或者从物体的一部分转移到另一部分，在转换的过程中，电荷的总和不变。物体带电的实质不是创造了电荷，而是使物体中的正负电荷重新分布。

4. 电荷之间的相互作用 同种电荷相互排斥，异种电荷相互吸引。

学习指导

在学习中正确理解电荷守恒定律，并自觉运用该定律解释起电的本质。结合日常现象，有助于掌握同性相斥、异性相吸的电荷间作用特性。

典型例题

例题 1 原来不带电橡胶棒与毛皮相互摩擦后，橡胶棒上带有 7.0×10^{-5}C 的负电荷，则毛皮上带有多少电荷？为什么？

解析：由电荷守恒定律可知，电荷既不能创造，也不能消灭，只能从一个物体转移到另一个物体上或者从物体的这一部分转移到另一部分，转移过程中，电荷总量保持不变。橡胶棒与毛皮相互摩擦，有 7×10^{-5}C 的负电荷移动到橡胶棒，则在毛皮上留下等量正电荷。所以毛皮上带正电荷，电量为 7×10^{-5}C。

例题 2 为了测定水分子是极性分子还是非极性分子，可做如下实验：在酸式滴定管中注入适当蒸馏水，打开活塞，让水慢慢如线状留下，把用丝绸摩擦过的玻璃棒接近水流，发现水流向靠近玻璃棒的方向偏转，这证明（　　　）。

A. 水分子是非极性分子

B. 水分子是极性分子

C. 水分子是极性分子且带正电

D. 水分子是极性分子且带负电

解析：由于丝绸摩擦过的玻璃棒带正电，而水分子又是极性分子，故当玻璃棒靠近水流时先使水分子带负电的一端靠近玻璃棒（同性相斥，异性相吸），带正电的一端远离玻璃棒。而水分子两极的电荷量相等，这就使带正电的玻璃棒对水分子显负电的一端引力大于对水分子显正电的一端的斥力，因此分子所受的合力指向玻璃棒，故水流向靠近玻璃棒方向偏转。故正确答案为 B。

6.2 库仑定律

1. 理解点电荷的概念；
2. 理解库仑定律，掌握库仑定律公式、适用条件及库仑力方向确定；
3. 会运用库仑定律进行有关的计算。

知识诠释

库仑定律是电学的基本规律，是建立电场强度和电势差概念的基础，也是本章重点之一。

1. 库仑定律 在真空中，两个点电荷之间的相互作用力，跟它们的电荷量的乘积成正比，跟它们距离的二次方成反比，作用力的方向沿着它们的连线，同种电荷相互排斥，异种电荷相互吸引。

（1）适用条件 真空（干燥空气）中两点电荷，或两个均匀带电球体可视为点电荷的相互作用，r 为两球体球心的距离。

（2）大小 $F = k\dfrac{Q_1 Q_2}{r^2}$，$Q_1$、$Q_2$ 是电荷所带电量的绝对值。

方向 用"同种电荷相互排斥，异种电荷相互吸引"判断。

（3）两点电荷同时受到作用力，它们是一对作用力与反作用力。

（4）公式中各物理量均采用国际单位时，静电力常数 $k = 9 \times 10^9 \, \text{N} \cdot \text{m}^2/\text{C}$。在计算过程中注意电量和距离的单位采用国际单位。

2. 若有多个点电荷，那么每个点电荷受到的作用力，是其他各个电荷单独对它作用力的矢量和。

重点难点

力是矢量，既有大小又有方向，利用库仑定律计算点电荷受到作用力时，应同时确定其大小和方向。用库仑定律公式计算库仑力的大小；用"同种电荷相互排斥，异种电荷相互吸引"来确定力的方向。

典型例题

例题 在真空中三个完全相同的金属球 A、B、C，其中 A 球带电量为 $7Q$，B 球带电量为 $-Q$，C 球不带电，将 A、B 固定，C 反复和 A、B 接触，最后移走 C 球，试问：A、B 球间相互作用力变为原来的多少倍？

解析： C 球反复和 A、B 接触之意，即隐含 A、B 球的电量中和，最后三个球带电量均分，则 $q'_A = q'_B = [7Q + (-Q)]/3 = 2Q$

A、B 两球原来的作用力为：$F_1 = k\dfrac{7QQ}{r^2} = k\dfrac{7Q^2}{r^2}$

A、B 两球和 C 反复接触后的相互作用力为：$F_2 = k\dfrac{2Q2Q}{r^2} = 4k\dfrac{Q^2}{r^2}$

所以 $F_1/F_2 = 7 : 4$

小结： 异种电荷在发生接触时，电荷要先中和，两个相同的小球接触后，它的电量相等，这是解题的关键。

达标检测

1.真空中有 A、B 两个点电荷，相距 r 时相互作用力为 F，预使它们之间的作用力变为 $F/2$，下列说法可行的是（　　）。

    A. 将它们之间的距离变为 $r/2$　　　　　B. 将它们的电量均变为原来的一半

    C. 将它们之间的距离变为 $\sqrt{2r}$　　　　　D. 将它们的电量均变为原来的 2 倍

2.将一定电荷量 Q，分成电量为 q_1、q_2 的两个点电荷，为使这两个点电荷相距 r 时，它们之间有最大的相互作用力，则 q_1 值应为（　　）。

    A. $Q/2$　　　　　B. $Q/3$　　　　　C. $3Q/4$　　　　　D. $4Q/5$

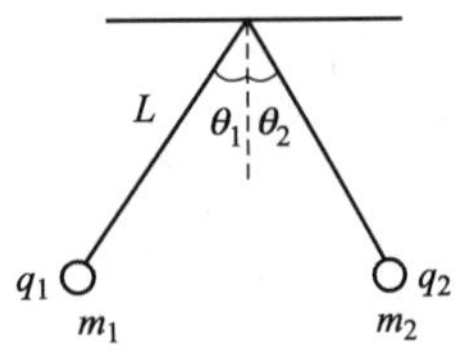

3.两个质量分别是 m_1 和 m_2 的小球，各用长为 L 的丝线悬挂在同一点，当两球分别带同种电荷，且电荷量分别为 q_1、q_2 时，两丝张开一定的角度 θ_1、θ_2，如图 6-1 所示，则下列说法正确的是（　　）。

    A. 若 $m_1 > m_2$，则 $\theta_1 > \theta_2$

    B. 若 $m_1 = m_2$，则 $\theta_1 = \theta_2$

    C. 若 $m_1 < m_2$，则 $\theta_1 < \theta_2$

图 6-1　题 3 图

    D. 若 $q_1 = q_2$，则 $\theta_1 = \theta_2$

4.有两个完全相同的金属小球，分别带 -7×10^{-8} C 和 3×10^{-8} C 的电荷，接触一下，再放在相距 20cm 处，两小球各带有 _____ 和 _____ 电量，相互之间的作用力大小为 _____。

5.在 x 轴上自左至右放置三个点电荷 Q_a、Q_b、Q_c，相距各为 1m，它们带的电量分别为 4×10^{-10} C、10×10^{-10} C、-4×10^{-10} C，则 Q_b 受到 Q_a、Q_c 作用力的合力为 _____，方向为 _____。

6.在与点电荷 Q 相距 20cm 处的一点上，放一个电荷量为 1.5×10^{-10} C 的点电荷，它受到的电场力为 1×10^{-4} N，电荷 Q 的电量为 _____。

7.A 和 B 为两个大小完全相同的带电金属球，分别带电量 $+4Q$ 和 $-2Q$，相互作用力为 F。现保持两球的位置保持不变，用一根细金属丝把两球连接起来，则两球间的作用力为：_____（填"引力"或"斥力"），大小为 _____。

8.两个点电荷量分别为 Q_1 和 Q_2，相距为 R，它们之间的作用力是 1.6×10^{-5} N，若将电荷 Q_2 向 Q_1 移近 0.02m，这时两电荷之间的作用力是 5×10^{-3} N。试

求：最初两个电荷之间距离是多大？如果两个电荷的电量之比为 $1:10$，Q_1 和 Q_2 各是多少？

6.3 电场强度

学习目标

1. 了解电荷间的相互作用是通过电场发生的。电场是客观存在的一种特殊物质形态。静止电荷在其周围空间产生电场，电场对其中的电荷产生作用力——电场力；

2. 理解电场强度的概念，能根据电场强度的定义进行相关的计算；掌握电场强度是矢量，它的方向与正检验电荷所受力的方向一致；

3. 掌握运用同库仑定律和电场强度的定义推导点电荷场强的计算式，并能用此公式进行相关的计算；

4. 理解电场的叠加原理，并应用该原理进行简单计算；

5. 掌握电场线，知道用电场线形象地表示电场的方向和强弱；

6. 了解孤立点电荷，两个等量点电荷、带电平行板间的电场线的分布；

7. 掌握匀强电场及匀强电场的电场线分布。

知识诠释

1. 电场　电场是一种特殊的物质，虽然看不见、摸不着，比较抽象，但电场对其中的电荷产生力的作用。常常通过电场对电荷的作用来认识、掌握电场。

2. 电场强度　$E=F/q$ 是电场强度的定义式，而非决定式。电场中某点的电场强度由场源电荷的电量和位置决定，与检验电荷的电量和所受的力无关。即使不放检验电荷，该点电场强度仍然存在；电场强度是矢量，具有方向性，与正检验电荷在该点所受力方向一致。

3. 点电荷电场场强　在真空中放置一点电荷 Q，在其周围产生电场，该电荷称为场源电荷。运用库仑定律和电场强度的定义式可以推导出在距离 r 处产生的电场强度 $E=kQ/r^2$。由该公式看出电场强度是由场源电荷决定，与检验电荷无关。

4. 电场的叠加原理　在几个点电荷共同形成的电场中，某点的场强等于各个电荷单独存在时在该点所产生的场强的矢量和。

5. 电场线

场强的方向　用电场线上的各点的切线方向表示。

场强的大小　用电场线的疏密形象表示。

电场线是为形象描述电场而引入的假象的线，并不真实存在，但它的形状可以显示出电场的分布特征。通过各种方式去认识几种电场线，总结出电场线的特点，可以形象地认识电场强度、电势，对电场概念的理解有较大的帮助。

6. 几种典型的电场线的分布 如图 6-2 和图 6-3 所示。

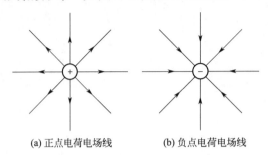

(a) 正点电荷电场线   (b) 负点电荷电场线

图 6-2 典型电场线分布图 1

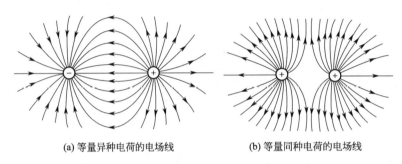

(a) 等量异种电荷的电场线   (b) 等量同种电荷的电场线

图 6-3 典型电场线分布图 2

7. 电场线的特点 电场线是假想的线，不是电荷的实际运动轨迹；电场线起于正电荷，终于负电荷；电场线不闭合；任何两条电场线不相交。

8. 匀强电场及其电场线特点 匀强电场中各点的场强大小和方向均相同，其电场线为间距相等的平行线。两块靠近的金属板，大小相等，相互正对，分别带有等量正负电荷，它们之间的场（除边缘附近外）可看作匀强电场。

 重点难点

电场强度概念；电场线的性质。

典型例题

例题 1 图 6-4 所示在 x 轴上有两个点电荷，一个带正电 Q_1，一个带负电 $-Q_2$，且 $Q_1 = 2Q_2$，又 E_1 和 E_2 分别表示两个电荷所产生的场强的大小，则在 x 轴上（   ）。

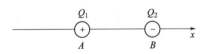

图 6-4 例题 1 图

A. $E_1 = E_2$ 的点只有一处，该场强为零

B. $E_1 = E_2$ 的共有两处，一处为场强为零，另一处合场强为 $2E_2$

C. $E_1 = E_2$ 的点共有三处，其中两处合场强为零，另一处合场强为 E_2

D. $E_1 = E_2$ 的点共有三处，其中一处合场强为零，另两处合场强为 E_2

解析： $E_1 = E_2$ 的结果有两种可能：一种是合场强为零，另一种是合场强为 $2E_1$ 或 $2E_2$。

由图可知，在 A、B 之间的 x 轴上，A、B 两电荷的方向相同，不存在合场强为零的点，但合场强为 $2E_2$ 的点可能存在（只有一处），在 A 点左侧的 x 轴上，由 $E = k\dfrac{Q}{r^2}$ 可以判断得知，也不存在合场强为零的点。因这一区间内距 A 近。而距 B 远但 A 处的点电荷量大于 B 处的电荷量，故不可能出现 $E_1 = E_2$ 的位置，自然也就没有合场强为零的点，这样符合合场强为零的位置只有在 B 点的右侧 x 轴上且是唯一确定的位置。

本题答案为 B。

小结：根据点电荷场强的决定式 $E = k\dfrac{Q}{r^2}$ 可知，在 Q_1、Q_2 之间，可有 E_1 与 E_2 大小相等、方向相同的点，合场强为 $2E_2$；在 Q_1 和 Q_2 的延长线 Q_2 的外侧，由于 $Q_1 = 2Q_2$，Q_1 比 Q_2 离此处远，仍可有一点，E_1 与 E_2 大小相等，但方向相反，合场强为零；在 Q_1、Q_2 的延长线 Q_1 的外侧，由于 $Q_1 = 2Q_2$，Q_1 比 Q_2 离此处较近，故 $E_1 > E_2$，不能有场强大小相等之处。

例题 2 如图 6-5 所示，AB 是某点电荷电场中的一根电力线，在线上 O 点放一个自由负电荷，由静止释放，它将沿电力线向 B 点运动，则下列说法正确的是（　　）。

A.电力线方向由 B 指向 A

B.电力线方向由 A 指向 B

C.该电荷做加速运动

D.该电荷做减速运动

图 6-5　例题 2 图

解析：自由负电荷由静止释放向 B 运动，说明负电荷受电场力指向 B，负电荷受电场力方向和电场强度的方向相反，故电场线的方向由 B 指向 A，又由于该粒子在电场力作用下由静止释放，所以做加速运动。答案 A、C。

达标检测

1.在电场中某一点放一检验电荷 q，它受到的电场力为 F，则该点的电场强度为 $E = F/q$，那么下列说法正确的是（　　）。

A.若移去检验电荷 q，该点的电场强度为零

B.若该点放一电量为 $2q$ 的检验电荷，则该点的电场强度为 $2E$

C.若该点放一电量为 $2q$ 的检验电荷，则该点的电场强度为 $E/2$

D.若该点放一电量为 $2q$ 的检验电荷，则该点的电场强度为 E

2.电场中有一点 P，下列说法正确的是（　　）。

A.若放在 P 点的点电荷量减半，则 P 点的场强也减半

B.若 P 点没有放电荷，则 P 点的场强为零

C.P 点的场强越大，则同一电荷在 P 点受到的电场力越大

D.P 点的场强方向与放在该点的电荷的受力方向相同

3. 把质量为 m 的点电荷 q 在电场中从静止释放，在它运动的过程中，如果不计重力，下面说法正确的是（　　）。

    A. 点电荷的运动轨迹必定和电场线重合

    B. 点电荷的速度方向，必定和所在点的电场线的切线方向一致

    C. 点电荷的加速度方向，必定和所在点的电场线的切线方向垂直

    D. 点电荷的受力方向，必定和所在点的电场线的方向一致

4. 在图 6-6 所示的各电场中，A、B 两点电场强度相同的是（　　）。

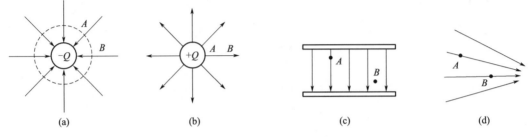

图 6-6　题 4 图

5. 式 $E=\dfrac{F}{q}$ ① 和式 $E=k\dfrac{q}{r^2}$ ② 分别为电场强度的定义式和点电荷场强的公式，下列四个选项中错误的是（　　）。

    A. ①式中的 E 是①中的电荷 q 所产生的场强，②式中的场强 E 是②式中的电荷 q 所产生的电场的场强

    B. ①式中的 F 是放入某电场中的电荷所受的力，q 是产生这个电场的电荷

    C. ②式中的场强 E 是某电场的场强，q 是放入此电场中的电荷

    D. ①②两式都只对点电荷产生的场强才成立

6. 电荷量为 5×10^{-8}C 的检验电荷，距产生电场的电荷 10cm，受到的电场力为 2.5×10^{-3}N，该点场强的大小_____，形成电场的电荷的电量_____。

7. 在一直线上 a、b、c 三点，已知 $bc=3ab$。现在于 a 点固定一带正电的点电荷，当 b 点放上一带电量为 $q=1\times10^{-8}$C 的点电荷，它受到的电场力为 4×10^{-5}N，则此时 a 点的点电荷在 b 点产生的场强为_____ N/C。在 c 点产生的场强为_____ N/C。若要使 c 点场强为零，可以在 b 点放上一带电量为 a 点电荷_____倍的_____电荷。

8. 距离带电量为 3.2×10^{-10}C 的点电荷 5.0cm 的电场强度是多少？如果使该点的场强为零，则在何处放一个电量为 -8×10^{-9}C 的点电荷？

6.4　电势和电势差

学习目标

1. 了解电势能，理解电势能属于电场与电荷组成系统，具有相对性；掌握电场力

做功与电势能改变的关系；

2. 理解电势的概念。电势具有相对性，由电场决定，电势是描述电场的另一物理量；

3. 理解电势差的概念及其定义式 $U_{AB}=W_{AB}/q$，会根据电荷 q 在电场中移动使电场力做的功 W_{AB}、计算电势差 U_{AB}，计算电荷 q 在电场中移动做的功 $W_{AB}=qU_{AB}$；

4. 了解在电场中沿着电场线的方向，电势越来越低；

5. 了解等势面，理解在同一等势面上移动电荷时电场力不做功。了解电场线跟等势面垂直，并且由高的等势面指向低的等势面的特征。

知识诠释

1. 电势能 电荷与电荷在电场中的位置有关的能量。大小与势能零点位置选择有关，一般选择无穷远处为电势能零点。电势能也与电荷有关，由电场与电荷决定，属于电场与电荷组成系统；电势能的改变量等于电场力所做的功，即：$W_{AB}=E_{PA}-E_{PB}$；电场力对电荷做正功，电势能减小；克服电场力做功，电势能增加；

2. 电势 电场中某一点处检验电荷所具有的电势能和电量的比值称为该点的电势。即 $V=E_P/q$，电势可以看成单位正电荷在电场中某点的电势能，电势取决于电场，是表征电场能性质的物理量。电势也是相对量，其值与电势零点位置有关，一般选择无穷远处为电势零点。在实际应用中，常取大地的电势为零。电势是标量，沿电场线方向电势逐渐减小；

3. 电势差 电场中任意两点的电势差值叫电势差。即 $U_{AB}=V_A-V_B$，电势差与电势零点位置无关，更具实际意义。电势差与电场力做功存在一定关系，电荷在电场中移动时，电场力做的功等于电荷电量与两点间电势差的乘积，即 $W_{AB}=qU_{AB}$；

4. 等势面 电场中电势相等的点组成的面称为等势面。在等势面上电势处处相等，电荷在同一等势面上移动时电场力不做功。等势面与电场线处处垂直。

重点难点

电势能、电势的概念以及它们与电场、电荷的关系；电场力做功与电势能、电势差的关系。

学习指导

电势能与重力势能类似，在学习中，结合已知的重力势能来理解电势能会有很大帮助。物理中有许多类似知识，相互比较，相互联系，找出异同点，对物理概念的理解和掌握具有较大的帮助。

典型例题

例题 1 如图 6-7 所示，a、b、c 是一条电场线的三个点，电场线的方向由 a 到 c，$ab=bc$，用 U_a、U_b、U_c 和 E_a、E_b、E_c 分别表示三点的电势和电场强度，可以断定（   ）。

图 6-7　例题 1 图

A. $U_a > U_b > U_c$

B. $E_a > E_b > E_c$

C. $U_a - U_b > U_b - U_c$

D. $E_a = E_b = E_c$

解析： 电场线的方向是电势降落的方向，故 A 正确。由于在电场中，由电场线的疏密才能判断电场强度的强弱，而本题中仅给出一条电场线，无法知道电场线的疏密，从而也无法直道电场强度的大小。故选项 B、D 错误。匀强电场中当 $ab = bc$ 时，$U_{ab} = U_{bc}$，非匀强电场中，虽 $ab = bc$，但 U_{ab} 与 U_{bc} 的关系需根据场强来确定。而本题中仅给出一条电场线，无从判断电场强度，故 C 错误。答案为 A。

例题 2　如图 6-8 所示为某电场的电场线，a、b 为电场中的两点，一电子经点 a 运动到点 b，则（　　）。

A. 电子速度增大，加速度减小

B. 电子速度减小，加速度增大

C. 电子的电势能增大

D. 电子的电势能减小

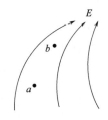

图 6-8　例题 2 图

解析： 电子在电场中所受电场力与场强方向相反，因此电子从 a 到 b 的运动中电场力做负功，电子的速度减小，电子的电势能增加，又因为电场中 b 点的电场线密，场强大，所以电子在点 b 所受的电场力大，加速度大，故选项 B、C 正确。

例题 3　图 6-9 中实线是一簇未标明方向的由点电荷产生的电场线，虚线是某一带电粒子通过该电场线区域时的运动轨迹。a、b 是轨迹上的两点，若带电粒子在运动中只受到静电引力作用，根据此图作出正确的判断的是（　　）。

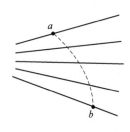

图 6-9　例题 3 图

A. 带电粒子所带的电荷符号

B. 带电粒子在 a、b 两点的受力方向

C. 带电粒子在 a、b 两点的速度何处较大

D. 带电粒子在 a、b 两点的电势能何处较大

解析： 由运动轨迹可以判断处，带电粒子在运动过程中只受到静电引力的作用，在 a、b 两点的受力方向分别为沿过该点的电场线指向产生电场的源电荷。故 B 正确，带电粒子在 a 运动到 b 的过程中，由于只受电场力的作用，且电场力对粒子做正功，则带电粒子在 b 处速度较大，故 C 正确。由于电场力在粒子 a 运动到 b 的过程中对粒子做正功，则粒子在 a 处电势能较大。故 D 正确。在不知电场线方向的前提下，无法判断带电粒子所带的电荷的符号。故 A 不正确。答案 B、C、D。

达标检测

1. 下述中正确的是（　　）。

A. 电场强度大的地方，电势能肯定大

B. 电荷放在电势高的地方，它的电势能一定大

C. 沿电力线的方向是电势降落的方向

D. 电场强度为零的地方，电势也为零

E. 电场强度沿电力线方向减小

F. 沿电力线反向，电势降低，电势能减小

2. 如图 6-10 所示，在电场线上两点 A、B，则下列说法正确的是（   ）。

A. 正电荷从 B 点移到 A 点，电场力做负功，电势能减小

B. 正电荷从 B 点移到 A 点，电场力做负功，电势能增加

C. 负电荷从 A 点移到 B 点，电场力做正功，电势能减小

图 6-10 题 2 图

D. 负电荷从 A 点移到 B 点，电场力做负功，电势能减小

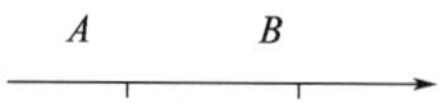

3. 如图 6-11 所示，电场中有 A、B 两点，则下列说法正确的是（   ）。

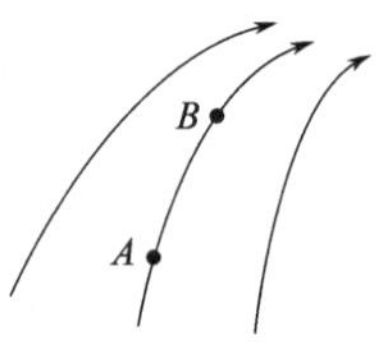

A. 电势 $V_A > V_B$，场强 $E_A > E_B$

B. 电势 $V_A > V_B$，场强 $E_A < E_B$

C. 将 $+q$ 电荷从 A 点移动到 B 点，电场力做了负功

D. 将 $-q$ 分别放在 A、B 两点时，具有的电势能 $E_{PA} > E_{PB}$

图 6-11 题 3 图

4. 关于等势面正确的说法是（   ）。

A. 电荷在等势面上移动时不受电场力的作用，所以不做功

B. 等势面上各点场强大小相等

C. 等势面一定跟电场线垂直

D. 两等势面永不相交

5. 下列关于电势和电势能的说法正确的是（   ）。

A. 克服电场力做功时负电荷的电势能减小

B. 电场中某点的电势的大小等于单位正电荷在电场力的作用下，由该点移动到零电势位置电场力所做的功

C. 电场中电势为正值的地方，电荷的电势能必为正值

D. 正电荷沿电场线移动，其电势能必增加

6.5 匀强电场中电势差和场强的关系

学习目标

1. 理解匀强电场中电势差与电场强度的关系：$U_{AB} = Ed$

2. 会用关系式 $U_{AB} = Ed$

3. 理解电势与场强的关系。

知识诠释

电势差和电场强度是本章重要的概念，因为它们分别描述了电场的两个性质。本

节起到了一个桥梁、纽带的作用，将两个性质联系起来。

1. 在匀强电场中，场强与电势差的关系为：$U=Ed$。 式中的 d 为两点沿电场方向的距离，而不是两点之间的距离，也可理解为两点之间距离在电场方向上的投影。

2. 电势与场强的关系 场强相等处，电势不一定相等，反之，电势相等处电场强度不一定相等。电势与场强无直接关系。

3. 场强与电势差的关系 电场强度越大，相同间距（沿场强方向）两点的电势差越大。这一特性也可用电场线和等势面形象描述：电场线密，等势面越密。

 重点难点

$U_{AB}=Ed$ 及成立的条件。

 典型例题

例题 如图 6-12 所示，AB 两极板的电势差是_____ V，C 点的电势_____ V，两板间的场强为_____ V/m，电子放在 C 点的电势能_____ J。电子从 C 点移到 B 点，电场力做的功为_____。

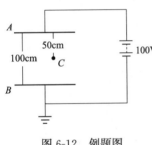

图 6-12　例题图

解析： 本题涉及电势、电势差、电场力做功，注意各量之间的关系及正负的确定。B 板接地，故 $V_B=0$，A 点的电势电源电压即 $V_A=100V$，根据 $U_{AB}=V_A-V_B$，则 AB 两极板的电势差是100V。可利用 $E=U/d$，求出板间的场强 $E=100/1=100V/m$。$U_{CB}=Ed=100\times0.5=50V$，所以 $V_C=50V$，利用公式 $E_{PC}=qV_C=-1.6\times10^{-19}\times50=-8\times10^{-18}J$。电子从 C 点移到 B 点，所以 $W_{CB}=qU_{CB}=-1.6\times10^{-19}\times50=-8.0\times10^{-18}J$，电场力做负功。

 达标检测

1. 如图 6-13 所示，将两个平行金属板接在电压为 12V 的电源上，B 板接地，A、B 相距 6mm，C 点相距 A 板 1mm，则 A、B 板间场强大小为_____，C 点电势为_____。

2. 一个带正电的质点，电量 2×10^{-9}C，在静电场中由 A 点移到 B 点，在这一过程中，除电场力外，其他力做功为 6×10^{-5}J，质点动能增加了 8×10^{-5}J，则 A、B 两点间的电势差 $U_{AB}=V_A-V_B$ 为（　　）。

A. 3×10^4 V 　　　B. 1×10^4 V

C. 4×10^4 V 　　　D. 7×10^4 V

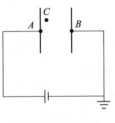

图 6-13　题1图

3. 如图 6-14 所示，在匀强电场中 M、N 两点距离为 2cm，两点间的电势差为 5V，MN 连线与场强成 $60°$，则此电场的场强为多少？

4. 如图 6-15 所示，在电场强度 $E=2000V/m$ 的匀强电场中，有三点 A、M 和 B，$AM=3cm$，$AB=5cm$，且 AM 边平行于电场线，把一电量 $q=2\times10^{-9}C$ 的正电荷从 B 点沿直线 BA 移到 A 点，电场力做的功是多少？

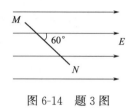

图 6-14　题 3 图

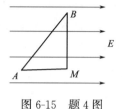

图 6-15　题 4 图

6.6　静电场中的导体

1. 知道静电感应产生的原因，理解静电平衡；
2. 理解静电平衡时，导体内部的场强处处为零；
3. 了解静电屏蔽及其作用。

知识诠释

静电平衡状态及静电平衡下的导体的特点是本节的关键。同学们学习时，应重视推理过程，知道结论的来龙去脉，来加深知识的理解。

1. 静电感应现象　当不带电的导体处于电场中时，导体内的自由电子受到电场力的作用，逆电场线而定向移动，结果使导体一侧带负电，而另一侧带正电的现象；

2. 静电平衡　导体中没有电荷做定向运动的状态。导体内部自由电子不做定向运动，则自由电子不受电场力的作用，导体内电场强度为零；导体表面自由电子没有定向运动，它们受到的电场力方向垂直于导体表面，导体表面的电场方向垂直于导体表面。电荷在导体内移动，电场力不做功，导体表面是等势面，导体是等势体。

3. 静电屏蔽　接地导体内部处处为零，置于导体内的物体不受导体外电场的影响的现象。利用静电屏蔽常用来保护电子仪器免受外来电磁场的影响等。

重点难点

静电平衡的特点。

学习指导

学会运用所学知识，解释自然现象和实验现象，是物理学习的重要内容之一。对提高分析问题、解决问题能力有很大帮助，在学习中应经常这样做。

典型例题

例题 现有一个带负电的电荷 A，另有一个不能拆开的导体 B，而再也找不到其他的导体可供利用。你如何能使导体 B 带上正电？

解析： 因为 A 带负电，要使 B 带正电，必须使用感应起电的方法，因为接触带电只能使 B 带负电。根据感应起电的原理可知，要使 B 带电还需要另外一块导体，但现在这块导体没有，其实人体就是一块很好的导体，只要把 A 靠近 B，用手摸一下 B，在拿开手，通过静电感应，B 上就带上了正电荷。

小结： 本题很明显属于感应起电问题，解决的关键在于怎样找到另一块导体，如果不能考虑到人体的导电性，思维将陷入误区。

6.7 电容器和电容

学习目标

1. 了解电容器及其基本结构；

2. 理解电容器、电容概念及其定义 $C=\dfrac{Q}{U}$；

3. 掌握平行板电容器电容计算公式 $C=\dfrac{\varepsilon S}{4\pi kd}$ 及其应用；了解电介质对电容的影响。

知识诠释

电容器虽不属本章学习重点，但平行板电容器经常用到。如带电粒子在匀强电场的运动中，匀强电场一般采用平行板电容器带电后产生。所以应加强本节的学习。

1. 电容器 两个彼此绝缘，又互相靠近的导体，构成一个电容器。电容器具有储存电荷进而储存能量的本领。

2. 电容 表示电容器容纳电荷的本领大小，定义式 $C=Q/U$。Q 为一极板所带电量的绝对值。电容器的电容大小与所带电量和两极的电势差无关，取决于电容器本身的构造。例如平行板电容器的电容极板间面积成正比、极板间的距离成反比，还与电介质有关，即 $C=\dfrac{\varepsilon S}{4\pi kd}$；

3. 平行板电容器 Q、E、U、C 讨论

（1）电容器一直与电源相连，两极的电势差 U 不变。极板间距增大，电容减小，电量变小，极间场强变小；面积增大，电容增大，电量增大，场强不变；放入电介质，电容增大，电量增大，场强不变。

（2）电容器充电后断开电路，电量不变。增大间距，电容减小，电压增大，场强不变；增大面积电容增大，电压降低，场强变小，放入电介质，电容增大，电压变小，场强变小。

 重点难点

电容的影响因素；平行板电容器电容的计算。

 典型例题

例题1 如图6-16所示，平行板电容器C和电阻R组成电路，当增大电容两极板距离时，则（　　）。

A.在回路中有从a经R流向b的电流

B.在回路中有从b经R流向a的电流

C.回路中无电流

D.回路中电流无法确定

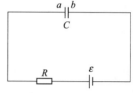

图6-16 例题1图

解析：电容器a板带正电，b板带负电。当距离增大时，由公式$C=\dfrac{\varepsilon S}{4\pi kd}$知，电容减小。由于电容一直接在电源上，故电容两极板间的电压不变，由公式$C=\dfrac{Q}{U}$，得$Q=CU$，电容所带电量减小，电容器应放电。故回路中有从a经R流向b的电流。答案应为A。

例题2 如图6-17所示，带电的平行板电容器中，某一带电微粒处于静止状态，今将两板间距离增大，则微粒将（　　）。

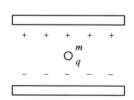

图6-17 例题2图

A.仍然静止

B.向上运动

C.向下运动

D.运动状态无法确定

解析：由平行板电容器的电容：$C=\dfrac{\varepsilon S}{4\pi kd}$

电容器的电容和电场：$C=\dfrac{Q}{U}$　　$E=U/d$

由上面的三个公式可得：$E=\dfrac{4\pi kQ}{\varepsilon_r S}$

可见平行板电容器极板面积S和所带电量Q恒定的情况下，两极板间电场强度E为恒量，与d无关。因此将两极板距离拉大，微粒在其中受的力$F=qE$不变。故选项A正确。

 达标检测

1.有一充电的平行板电容器的两极板间的电压3V，现设法将其电量减小3×10^{-4}C，于是电压降为原来的1/3，由此可推知该电容器的电容（　　）。

A. $1.5 \times 10^2 \mu F$　　　　　　　　　B. $2.5 \times 10^2 \mu F$

C. $3.5 \times 10^2 \mu F$　　　　　　　　　D. $0.5 \times 10^2 \mu F$

2. 电容器 A 的电容比电容器 B 的电容大，这表明（　　）。

A. A 所带的电荷量比 B 多

B. A 比 B 所能容纳更多的电荷量

C. A 的体积比 B 的体积大

D. 两电容器的电压都改变 1V 时，A 的电荷量改变比 B 的大

3. 使平行板电容器充电后，跟电源断开，保持其电荷量不变，并减少两极板的相对面积，则其两极板的电压 U、场强 E 变化情况（　　）。

A. U 和 E 都不变　　　　　　　　　B. U 增大，E 减小

C. U 和 E 都减小　　　　　　　　　D. U 和 E 都增大

4. 使平行板电容器充电后，保持与电源相连接，减少两极板的距离，则两极板间的场强 E 和电容器的电荷量 Q 变化情况（　　）。

A. Q 和 E 都不变　　　　　　　　　B. Q 和 E 都增大

C. Q 增大，E 减小　　　　　　　　　D. Q 减小，E 增大

5. 有关板电容器的说法正确的是（　　）。

A. 电容器的点电荷量与极板间电压成正比

B. 电容器电容与电容器带电量成反比

C. 电容器电容与电容器极板间电压成反比

D. 上述说法都不正确

6. 下列哪些措施可以是电介质为空气的平行板电容器的电容变大些（　　）。

A. 使两极靠近一些

B. 增大两极板的面积

C. 把两极板的距离拉开一些

D. 在两极板间冲入云母

7. 某电解电容标有"25V　$470\mu F$"下列说法正确的是（　　）。

A. 此电容只可在直流 25V 以下电压是才能正常工作

B. 此电容必须在 25V 电压下是才能工作

C. 当工作电压为 25V 时电容量才是 $470\mu F$

D. 这种电容器使用时，不必考虑电容器的两个引出线的极性

8. 将平板电容器两极分别与电源两极相连，若使电容器两极板间距增大，则（　　）。

A. 电容器电容减少　　　　　　　　　B. 极板间的场强增大

C. 极板带电量增大　　　　　　　　　D. 极板上电压不变

9. 一个平板电容器，当其电荷量增加 $Q = 1.0 \times 10^{-6}$ 时，两板间电压升高 $\Delta U = 10V$ 时，则此电容器的电容 $C = $ ＿＿＿＿＿＿ F，若两极板间的电压为 35V，此时该电容器带电荷量 $Q = $ ＿＿＿＿＿＿ C。

10. 如图 6-18 为电容器 C 与电压为 U 的电源连接成的电路，当电键 K 与 1 接通，电容器 A 板带_____，B 板带_____，这一过程称为电容器_____，电路稳定后，两板间的电势差为_____；当 K 与 2 接通后、流过导体 abc 的电流方向为_____，这就是电容器的_____。

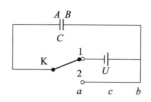

图 6-18　题 10 图

第**7**章

恒定电流

7.1 电流和欧姆定律

学习目标

1. 了解电流形成，理解导体中产生电流的条件；
2. 理解电流的概念和定义式 $I=q/t$，并能进行有关的计算；
3. 理解电阻概念；
4. 理解欧姆定律并能解决有关电路的问题；
5. 了解导体和非线性元件的伏安特性。

知识诠释

　　电流的概念、定义式，导体中产生电流的条件，部分电路的欧姆定律，电阻及电阻的单位，这些知识在初中都已学过，本节主要是在初中的基础上加以充实和提高。从场的观点说明电流形成的条件，即导体两端与电源两端接通时，导体中有了电场，导体中的自由电荷在电场力的作用下，发生定向移动而形成电流。正电荷在电场力的作用下从电势高处向电势低处运动。所以在电源外部的电路中，电流的方向是从电势高的一端流向电势低的一端，即从电源的正极流向负极。

　　1. 电流　单位时间通过导体横截面积的电量叫做电流强度；数学表达式 $I=\dfrac{q}{t}$。电流基本单位是安培 A，另外还有 mA、μA。

恒定电流：大小和方向都不随时间而改变的电流，即通常所说的直流电。

2. 电阻 导体对电流的阻碍作用。在国际单位制中，电阻的单位为欧姆，符号"Ω"；电阻的大小由导体本身因素决定，与电压、电流无关。

3. 欧姆定律 导体中电流与导体两端电压成正比，跟导体的电阻成反比。表达式为 $I = \dfrac{U}{R}$，欧姆定律适用于金属导体和电解质溶液。

4. 伏安特性曲线 电流与电压的关系可以用 I-U 图线来表示，这个关系曲线叫做导体的伏安特性曲线。线性元件的 I-U 图线是一条通过原点的直线，非线性元件的 I-U 图线不是直线。

 重点难点

1. 电流的概念；
2. 欧姆定律及其应用。

 典型例题

例题 1 下列说法正确的是（ ）。

A. 导体中电荷运动就形成了电流

B. 在国际单位制中，电流的单位是 A

C. 电流有方向，它是一个矢量

D. 任何物体，只要其两端电势差不为零，就有电流存在

解析：自由电荷定向移动才形成电流，只有电荷移动但不是定向移动则不行，故选项 A 错误。形成电流的条件是导体两端保持有电压，且必须是导体而非任何物体，故选项 D 错误。电流有方向，但它是标量，故选项 C 错误。答案应为 B。

例题 2 如图 7-1 所示，在 NaCl 溶液中，正负电荷定向移动，方向如图所示，若测得 2s 内有 1.0×10^{18} 个钠离子和氯离子通过溶液内部的横截面积 M，试问：溶液中的电流方向如何？电流多大？

解析：NaCl 溶液导电是靠自由移动的钠离子和氯离子在电场力作用下向相反的方向运动。因为电流方向规定为正电荷移动的方向，故溶液中电流方向与钠离子定向移动方向相同，即由 A 指向 B。钠离子和氯离子都是一价离子，每个离子的电荷量为 $e = 1.6 \times 10^{-19}$C，NaCl 溶液导电时钠离子由 A 指向 B 定向移动，氯离子由 B 向 A 运动，负离子的运动可以等效地看作正离子沿相反方向的运动，

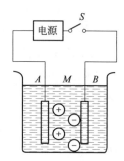

图 7-1 例题 2 图

可见，每秒钟通过 M 横截面的电荷量为两种离子电荷量的绝对值之和：

$$I = \frac{q}{t} = \frac{q_1 + q_2}{t} = \frac{1.0 \times 10^{18} \times 1.6 \times 10^{-19} + 1.0 \times 10^{18} \times 1.6 \times 10^{-19}}{2} = 0.16(\text{A})$$

例题 3 如图 7-2 所示，为两电阻 R_1、R_2 的伏安特性曲线，由图可知两电阻的比

值为（　　）。

A. 1：3　　　　　　B. 3：1　　　　　　C. 1：$\sqrt{3}$　　　　　　D. $\sqrt{3}$：1

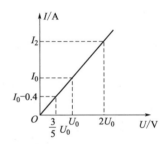

图 7-2　例题 3 图

解析： 根据欧姆定律 $I=\dfrac{U}{R}$，所以

$$R_1=\dfrac{U_1}{I_1}=\text{ctan}60°$$

$$R_2=\dfrac{U_2}{I_2}=\text{ctan}30°$$

$$R_1：R_2=\text{ctan}60°：\text{ctan}30°=1：3$$

答案： A

例题 4　如图 7-3 所示，若加在某导体两端的电压变为原来的 $\dfrac{3}{5}$ 时，导体中的电流减小了 0.4A。如果所加电压变为原来的两倍，则导体中的电流多大？

解法 1： 由欧姆定律得：$I=\dfrac{U}{R}$

由 $R=\dfrac{\dfrac{3}{5}U_0}{I_0-0.4}$，解得 $I_0=1.0\text{A}$

又因为 $R=\dfrac{U_0}{I_0}=\dfrac{2U_0}{I_2}$，所以 $I_2=2I_0=2.0\text{A}$

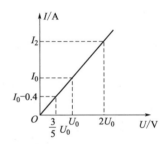

图 7-3　例题 4 图

解法 2： 由 $R=\dfrac{U_0}{I_0}=\dfrac{\Delta U_1}{\Delta I_1}=\dfrac{\dfrac{2}{5}U_0}{0.4}$ 得 $I_0=1.0\text{A}$

$R=\dfrac{U_0}{I_0}=\dfrac{\Delta U_2}{\Delta I_2}$，其中 $\Delta U_2=2U_0-U_0$，所以 $\Delta I_2=I_0$，$I_2=2I_0=2\text{A}$（见图 7-3）。

小结： 导体的电阻是导体本身的一种属性，与 U、I 无关，因而 $R=\dfrac{U}{I}=\dfrac{\Delta U}{\Delta I}$ 用此式讨论问题更简明。

例题 5　某电流表的电阻 $R=0.02\Omega$，允许通过的最大电流 $I=0.3\text{A}$，这个电流表是否能直接连在一节干电池的两极上？

解析： 根据电流表允许通过的最大电流和电阻，用欧姆定律算出允许加上的最大电压，与干电池的电压相比较即得。

电流表允许加上的最大电压 $U=IR=3\times0.02=0.06\text{V}$ 它远低于一节干电池的电压（约为 1.5V），所以不能把它直接连接在干电池的两极上。

小结： 本题的计算判断较简单，但通过比较电压或电流确定用电器的使用却有着较现实的意义，应予以领会。

达标检测

1. 一段横截面积为 0.5m^2 的导体材料中，每秒有 0.2C 正电荷和 0.3C 负电荷相向运动，则电流强度是（　　　）。

  A. 0.2A   B. 0.3A   C. 0.5A   D. 10^4A

2. 满足下面的哪一个条件就产生电流（　　　）。

  A. 有自由电子   B. 导体两端有电压

  C. 任何物体两端有电压   D. 导体两端有恒定电压

3. 关于部分电路欧姆定律，正确的解释是（　　　）。

  A. 加在电阻两端电压与其电阻值成正比

  B. 通过电阻的电流强度越大，其阻值越小

  C. 对一段金属导体来说，它两端的电压与通过这段导体的电流比是一个恒量

  D. 导体的电阻取决于加在这段导体两端的电压和通过这段导线的电流强度

4. 如图 7-4 所示，为四只电阻的伏安特性曲线，这四只电阻并联使用时，通过每只电阻电流强度为 I_1、I_2、I_3、I_4，那么其大小顺序为（　　　）。

  A. $I_1 > I_2 > I_3 > I_4$

  B. $I_1 < I_2 < I_3 < I_4$

  C. $I_1 = I_2 = I_3 = I_4$

  D. $I_2 > I_4 > I_1 > I_3$

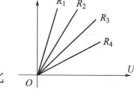

5. 某电阻两端电压为 16V，30s 通过的电荷量为 48C，此电阻为多大？

图 7-4　题 4 图

6. 某电流表可以测量的最大电流是 10mA，已知一个电阻两端的电压是 8V，通过的电流是 2mA，如果给这个电阻加上 50V 电压，能否用这个电流表测量通过这个电阻的电流？

▶ 7.2　电阻定律

学习目标

1. 理解电阻定律和电阻率，能利用电阻定律进行有关分析和计算；

2. 了解电阻率与温度的关系。

知识诠释

1. 电阻定律　一定温度下，导体电阻 R 与导体的长度 L 成正比，与它的横截面积 S 成反比。数学表达式：$R = \rho \dfrac{L}{S}$。比例系数 ρ 为电阻率。滑线变阻器、旋转式电阻箱等都是利用电阻定律制作的。

2. 电阻率　ρ 是一个反映材料导电性能的物理量，各种材料的电阻率都随温度而变化。一般金属的电阻率随温度的升高而增大；半导体的电阻率随温度的升高而减小；超导体的电阻率在温度降到转变温度时突然变为零，某些合金的电阻率随温度变

化极小。根据金属的电阻率随温度变化特性可以制成电阻温度计。

 重点难点

电阻定律及应用。

 典型例题

例题 1 一根粗细均匀的金属裸导线，若把它均匀拉长为原来的 3 倍，电阻变为原来的 _____ 倍，若将它截成等长的三段再绞合成一根，它的电阻变为原来的 _____ 倍。（设拉长与绞合时温度不变）

解析： 导线原来的电阻 $R = \rho \dfrac{L}{S}$，拉长度为 $3L$，固体体积 $V = SL$ 不变，所以导线面积变为原来的 $1/3$，即 $S/3$，故导线拉长为原来的 3 倍后，电阻 $R' = \rho \dfrac{3L}{S/3} = 9\rho \dfrac{L}{S} = 9R$，同理，三段绞合后，长度 $L/3$；面积为 $3S$，电阻 $R'' = \rho \dfrac{L/3}{3S} = \dfrac{1}{9}\rho \dfrac{L}{S} = \dfrac{1}{9}R$。

小结： 某导体形状改变后，因总体积不变，电阻率不变，当长度 L 和面积 S 变化时，应用 $V = SL$ 来确定 S 和 L 在形变前后的关系，应用电阻定律即可求出 L 和 S 变化前后的电阻关系。

例题 2 如图 7-5 为滑动变阻器示意图，下列说法正确的是（ 　　 ）。

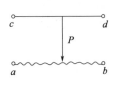

图 7-5　例题 2 图

A. a 和 b 串联接入电路中，P 向右移动时电流增大

B. b 和 d 串联接入电路中，P 向右移动时电流增大

C. b 和 c 串联接入电路中，P 向右移动时电流增大

D. a 和 c 串联接入电路中，P 向右移动时电流增大

解析： 滑动变阻器共有四个接线柱和一个滑片，金属杆上的两个接线柱（图中的 c 和 d）与滑片 P 可视为同一个等电势点，因此处理滑动变阻器问题的关键在于先认清串联接入电路的电阻丝是哪一段（看与电阻线相连的两个接线柱 a 和 b 是哪一个接入电路），然后从滑片 P 的移动方向判定接入电路的电阻丝是变长了还是变短了，再根据电阻定律判定电阻是变大了还是变小了。

当 a 与 c 或 d 接入电路且 P 向右移动时，串联接入电路的有效电阻丝增长，电阻增大，电流减小，因此 D 错；当 b 与 c 或 d 接入电路且 P 向右移动时，出入电路的有效电阻丝变短，电阻变小，电流变大，B、C 都对；当 a 和 b 串联接入电路时，无论 P 向何方向移动，接入电路的电阻丝长度不变，电阻不变，电流就不变，A 错，因此，答案为 B、C。

例题 3 A、B 两地相距 40km，从 A 到 B 两条输电线的总电阻为 800Ω，若 A、B 之间发生断路。为查明断路地点，在 A 处接上电源，测得电压表示数为 10V，电流表示数为 400mA，求断路处距 A 多远？

解析：根据题意，画出电路如图 7-6 所示，A、B 两地相距 $L_1=40\text{km}$，原输电线总长 $2L_2=80\text{km}$，电阻 $R_1=800\Omega$，设断路处距 A 端长 L_2，其间输电线电阻：

$$R_2=\frac{U}{I}=\frac{10}{40\times10^{-3}}=250(\Omega)$$

由 $R=\rho\dfrac{L}{S}$ 得 $\dfrac{R_1}{R_2}=\dfrac{2L_1}{2L_2}$

$$L_2=\frac{R_2}{R_1}L_1=\frac{250}{800}\times40=12.5(\text{km})$$

即 E 处距 A 端 12.5km。

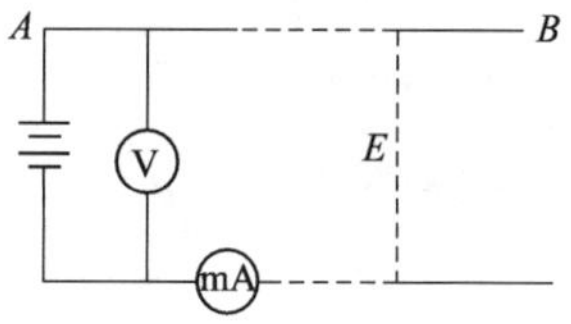

图 7-6 例题 3 图

达标检测

1.电阻定律：同种材料的导体，其电阻 R 与它的长度 L 成＿＿＿＿＿比，导体电阻与构成它的材料有关，公式写成：$R=\rho\dfrac{L}{S}$。

2.两导线长度之比为 $1:2$，横截面积之比为 $3:4$，电阻率之比为 $5:6$，则它们的电阻之比是＿＿＿＿＿。

3.一根粗细均匀的电阻丝的电阻为 R，如果将它对折，则电阻变为＿＿＿＿＿，如果将它均匀拉长为原来的 10 倍，则电阻为＿＿＿＿＿。

4.关于电阻率的正确说法是（ ）。

A.电阻率 ρ 与导体的长度 L 和横截面积 S 有关

B.电阻率表征了导体的导电能力的强弱，由导体的材料决定，且与温度有关

C.电阻率大的导体，电阻一定大

D.有些合金的电阻率几乎不受温度变化的影响，可用来制成电阻温度计

5.关于导体、绝缘体和超导体，下列说法错误的是（ ）。

A.超导体对电流的阻碍作用几乎为零

B.电解液通电时，正负离子仍有阻碍作用

C.绝缘体内也有自由电子，但很少

D.绝缘体接入电路后，一定没有电流通过

6.用直径为 0.20mm 的绝缘镍铬姆导线绕成一个变阻器，若要求变阻器的阻值范围为 $0\sim100\Omega$，已知镍铬姆的电阻率为 $1.3\times10^{-6}\ \Omega$，求导线的长度是多少？

7.一根横截面积为 S，长为 L 的导线，两端加电压 U 后，通过导线的电流为 I，截去一半再拉至原长，再在其两端加上电压 U，通过这段导线的电流为多少？

7.3 电功和电功率

学习目标

1.理解电功的概念，掌握电功计算；

2. 理解电功率的概念，掌握电功率计算；

3. 理解电功率和热功率的区别和联系；

4. 了解电场力对自由电荷做功的过程是电能转化为其他形式能量的过程。

知识诠释

用"能"的观点进一步深化并拓宽对电功、电功率的理解，另外还应理解电功率和热功率的区别和联系是本节学习的关键。

1. 电功 在一段电路中电流所做的功叫电功，其数值等于这段电路两端的电压 U、电路中的电流 I 和通电时间 t 三者的乘积。即 $W=UIt$。其本质是电场力对电荷做功，将电能转化为其他形式的能。

2. 电功率 单位时间内电流所做的功叫做电功率，是用来描述做功快慢的物理量。一段电路上的电功率 P 等于这段电路两端的电压和电流的乘积，即 $P=UI$，指某段电路的全部功率或这段电路上消耗的全部电功率。

3. 焦耳定律 单位时间发热的功率叫做热功率，$P_热=I^2R$。指在某段电路上因发热而消耗的功率。

4. 电功率与热功率关系 在纯电阻电路中，$P_电=P_热$，电能全部转化为热能。而在含电动机、电解槽等的非纯电阻电路中 $P_电>P_热$；电能中部分转化为热能，还有部分转化为其他形式的能。

重点难点

1. 电功、电功率的概念及计算；

2. 电功率和热功率的区别和联系。

典型例题

例题 1 图 7-7 虚框中有一未知电路，测得它的两端点之间的电阻为 R，在两端加上电压为 U 时，测得流过电路的电流为 I，则未知电路的电功率（　　　）。

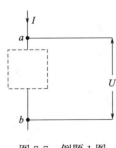

图 7-7　例题 1 图

A. I^2R　　　　　　　　B. $\dfrac{U^2}{R}$

C. UI　　　　　　　　D. I^2R+UI

解析：$P=UI$ 是电功率的定义式，该式适用于纯电阻和非纯电阻电路，而 $P=\dfrac{U^2}{R}$、$P=I^2R$，只适用于纯电阻电路。而选项 D 是错误的。答案是 C。

例题 2 把 6 个相同的电灯泡接成如图 7-8 所示两电路，调节电阻器，两组电灯均能正常发光。若两电路消耗的功率分别为 P_1、P_2，则（　　　）。

A. $P_1<3P_2$　　　　B. $P_1=3P_2$　　　　C. $P_1>3P_2$　　　　D. $3P_1=P_2$

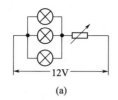 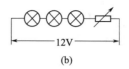

图 7-8 例题 2 图

解析： 设每个灯泡正常发光时，其电流为 I，则图（a）中三个电阻并联，所以总电流为 $3I$，图（b）中三个电阻串联，总电流为 I，所以 $P_1=3UI$、$P_2=UI$、$P_1=3P_2$，故选项 B 正确。

例题3 一只规格为"220V 2000W"的电炉，求在正常工作时的电阻。若电网电压为 200V，求电炉的实际功率？在 220V 的电压下，如果平均每天使用电炉 2h，求此电炉一个月要消耗多少度电？

解析： 电炉当纯电阻看待，当电压小于额定电压时，电炉达不到额定功率，需计算实际功率。电能的单位在生活中通常用"度"表示。1 度＝1kW·h。

设电炉电阻为 R，由 $P=\dfrac{U^2}{R}$ 得：

$$R=\frac{U^2}{P}=\frac{220^2}{2000}=24.2(\Omega)$$

当电压为 $U'=200V$ 时，电炉的实际功率为

$$P'=\frac{U^2}{R}=\frac{200^2}{24.2}=1653(W)$$

在 220V 的电压下，一月耗用电能（按 30 天计）

$$W=Pt=2\times30\times2=120(kW·h)$$

小结： 当用电器电压达不到额定电压时，其实际功率也小于额定功率。

达标检测

1. 如图 7-9 所示，三个灯泡消耗的电功率一样大，则三个灯泡的电阻之比（   ）。

A. 1：1：1

B. 4：1：1

C. 1：4：4

D. 1：2：2

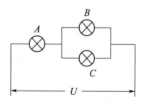

图 7-9 题 1 图

2. 关于电功和电热，下面说法正确的是（   ）。

A. 任何电路中的电功 $W=UIt$，电热 $Q=I^2Rt$，且 $W=Q$

B. 任何电路中的电功 $W=UIt$，电热 $Q=I^2Rt$，但 W 有时不等于 Q

C. 电功 $W=UIt$ 在任何电路中都适用，电热 $Q=I^2Rt$ 只有在纯电阻电路中适用

D. 电功 $W=UIt$，电热 $Q=I^2Rt$ 只适用于纯电阻电路

3. 三个电阻分别为 2Ω、3Ω、6Ω，将其串联后接入电路，消耗的功率之比（　　）。

A. $6:3:2$　　　B. $2:3:6$　　　C. $3:2:1$　　　D. $1:1:1$

4. 甲乙两根粗细相同的不同导线，电阻率之比为 $1:2$，长度之比为 $4:1$，那么两根导线加相同的电压时，其电功率之比是（　　）。

A. $8:1$　　　B. $2:1$　　　C. $1:2$　　　D. $1:1$

5. 一台电风扇的额定功率为 $60W$，内阻为 2Ω，当它接在 $220V$ 电压下正常运转，求：

(1) 电风扇正常运转时，通过它的电流？每秒有多少电能转化成机械能？

(2) 若接上电源后，电风扇因故障不能运转，这时通过它的电流强度多大？电风扇实际消耗的电功率多大，此时可能发生何故障？

7.4 电阻的连接

学习目标

1. 掌握串、并联电路的特点，能够利用串、并联电路的特点解决实际问题；

2. 理解等效电阻，并能用来求解有关问题。

知识诠释

1. 串联电路：电阻一个接一个，首尾相接（图 7-10）。

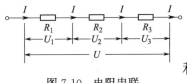

图 7-10　电阻串联

串联电路具有如下特点：

(1) 流过每一个电阻的电流相等，$I=I_1=I_2=I_3$

(2) 串联电路具有分压作用，$U=U_1+U_2+U_3$。利用分压作用，在电工仪表上，通常用它扩充表头的电压量程。

(3) 总电阻为各个电阻之和，$R=R_1+R_2+R_3$。

(4) 串联电路功率与电阻成正比，$\dfrac{P}{R}=\dfrac{P_1}{R_1}=\dfrac{P_2}{R_2}=\dfrac{P_3}{R_3}=I^2$。

2. 并联电路：电阻都接在两点之间，首首相接，尾尾相接（图 7-11）。

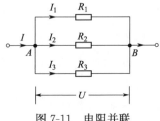

图 7-11　电阻并联

并联电路具有如下特点：

(1) 并联电阻的电压相等，$U=U_1=U_2=U_3$。

(2) 具有分流作用，$I=I_1+I_2+I_3$。在电工仪表上，通常用它扩充表头的电流量程。

(3) 总电阻的倒数等于各个电阻得倒数之和，$\dfrac{1}{R}=\dfrac{1}{R_1}+\dfrac{1}{R_2}+\dfrac{1}{R_3}$

(4) 功率与电阻成反比，并有如下关系：$PR=P_1R_1=P_2R_2=P_3R_3=U^2$。

其中应牢记：n 个相同电阻 R 并联，总电阻为 R/n；两个电阻 R_1、R_2 并联，总电阻 $R=\dfrac{R_1R_2}{R_1+R_2}$，并联电路总电阻小于任意支路电阻，某一支路电阻变大，总电阻必然变大，反之变小。并联支路增多，总电阻变小，反之增大。

3. 混联电路：实际电路中既有串联也有并联，这种电路叫做混联。分析这类电路时，根据电路结构，找出各电阻之间的串、并联关系，一步一步的简化，最后求出等效总电阻。

通常电路的简化方法：

（1）电路中的电表　理想电流表内阻很小，可视为短路；理想电压表内阻很大，可视为开路；实际电表可用电阻来代替。

（2）电路中的导线　除传输线路外，导线电阻可视为零。同一根导线的各点都是等势点。

（3）顺电流方向，在结点上标上字母，电势相同的点（如一根导线）标有相同的字母。两端字母相同的导体为并联。

重点难点

电路的简化体现等效替代思想，是本节学习的重点。

典型例题

例题1　四盏灯如图 7-12 所示连接，L_1 和 L_2 上都标有 "220V，100W" 字样，L_3 和 L_4 上都标有 "220V，40W" 的字样，电路接通后，最暗的灯将是（　　）。

A. L_1　　　　　　B. L_2

C. L_3　　　　　　D. L_4

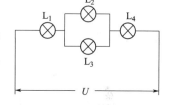

图 7-12　例题 1 图

解析：电路中 L_2 和 L_3 并联，后与 L_1、L_4 串联。由它们的额定电压和额定功率可知，$R_1=R_2<R_3=R_4$ 即 R_4 大于 R_1 且大于 R_2 与 R_3 的并联电阻值。所以 R_4 功率最大，R_2 与 R_3 的并联电阻的功率最小。R_2 与 R_3 的并联，电压相等，电阻越大，功率越小，答案应为 C。

例题2　根据上述电路简化方法，将图 7-13（a）简化。

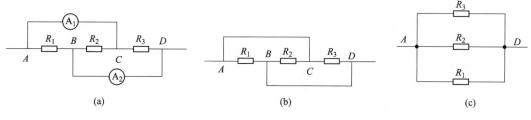

(a)　　　　　　　　　　(b)　　　　　　　　　　(c)

图 7-13　例题 2 图

例题3　图 7-14 中，已知 $R_1=7\Omega$，$R_2=3\Omega$，可变电阻器 R_3 的最大值为 6Ω，

求：AB 两端电阻值范围。

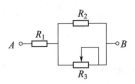

图 7-14　例题 3 图

解析：此题应注意 R_3 两个极端数值。

R_2、R_3 为并联，$R_{23} = \dfrac{R_2 R_3}{R_2 + R_3}$

当 $R_3 = 0$ 时，$R_{23} = 0$ 即 R_2 被短路，所以，$R_{AB} = R_1 + R_{23} = R_1 = 7\Omega$。

当 $R_3 = 6\Omega$ 时，$R_{23} = \dfrac{6 \times 3}{6 + 3}$，所以 $R_{AB} = R_1 + R_{23} = 9\Omega$。

所以 AB 两端电阻值范围为 $7\Omega \leqslant R_{AB} \leqslant 9\Omega$。

例题 4　一量程为 $100\mu A$ 的电流表，内阻为 100Ω，表盘刻度均匀，现串联一个 9900Ω 的电阻将它改装成电压表，则该电压表的量程是＿＿＿＿ V；用它来测量电压时，表盘指针位置如图 7-15 所示，此时电压表的读数大小为＿＿＿＿ V。

解析：灵敏电流表与一较大的电阻串联即可改装为量程较大的电压表。

根据 $R = \dfrac{U - I_g R_g}{I_g}$，有 $U = I_g R + I_g R_g = 10^{-4} \times (100 +$

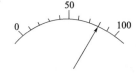

图 7-15　例题 4 图

$9900)\ V = 1V$ 此时指针所指示的电压为 $0.80V$。

小结：关于电表改装，要分清改装为电压表需串联电阻，改装为电流表需并联电阻，然后再结合电路知识及部分电路欧姆定律来加以解决。

　达标检测

1. 如图 7-16 所示，在 A、B 两端加以恒定不变的电压，电阻 $R_1 = 60$，若将 R_1 短路，R_2 中的电流增大到原来的 4 倍，则 R_2 为（　　）。

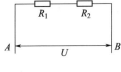

图 7-16　题 1 图

A. 40Ω　　　　　　　　　　B. 20Ω

C. 120Ω　　　　　　　　　 D. 6Ω

2. 三个电阻并联，若 $R_1 = 3\Omega$，$R_2 = 6\Omega$，通过 R_3 的电流为 $0.5A$，总电流为 $2.5A$，则 $R_3 = $ ＿＿＿＿，$I_2 = $ ＿＿＿＿，$U_1 = $ ＿＿＿＿。

3. 三个电阻分别标有 "110Ω　$4W$" "125Ω　$8W$" "90Ω　$100W$" 的字样，若将它们串联起来，允许通过电路的最大电流是＿＿＿＿ A，若将它们并联起来，允许加的电压是＿＿＿＿ V。

4. 如图 7-17 所示的电路，当 a、b 间加 $100V$ 的电压时，c、d 两端的电压是 $80V$ 则电阻 R 的阻值为＿＿＿＿ Ω，如果将 $100V$ 电压加在 c、d 两端，则 a、b 两端的电压为＿＿＿＿ V。

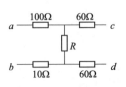

图 7-17　题 4 图

5. 如图 7-18 所示为一双量程电压表的示意图。电流表 A 的量程为 $0 \sim 100\mu A$、内阻为 600Ω，则图中串联的分压电阻 $R_1 = $

_____ ，$R_2 =$ _____ 。

6. 两电阻 R_1 和 R_2，它们串联后总电阻为 12Ω，并联后总电阻恰好是 3/5Ω，则 R_1、R_2 为多少？

7. 如图 7-19 所示，$R_1 = 10Ω$，$R = 5Ω$，若 A、B 两点的电压为 150V 不变，开关闭合、打开两种情况下电流表示数相差 5A，求：R_2。

8. 如图 7-20 所示，$R_1 = 4Ω$，$R_2 = 10Ω$，$R_3 = 12Ω$，$R_4 = 2Ω$，C、D 间的电阻为 r，求：当 $r = 0$ 时，A、B 间的总电阻？当 $r = \infty$ 时，A、B 间的总电阻？

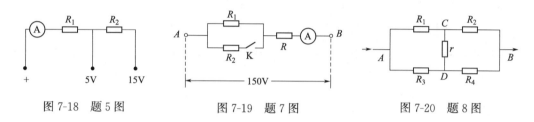

图 7-18 题 5 图　　　　图 7-19 题 7 图　　　　图 7-20 题 8 图

▶7.5　闭合电路欧姆定律

▶7.6　相同电池的连接

学习目标

1. 掌握电动势、电源内阻概念；理解电源的电动势等于电源开路（没接入电路）时的电压以及电源电动势等于内、外电路电压之和；
2. 掌握闭合电路欧姆定律，并能熟练地解决有关电路的问题；
3. 理解路端电压与负载的关系，并能用于分析、计算有关问题；
4. 掌握闭合电路的功率表达式，闭合电路中能量的转化，最大输出功率的条件；
5. 了解相同电池的串联、并联电池组的电动势和总内阻。

知识诠释

1. 电源电动势　电源电动势是电源本身的性质决定的；电源电动势等于电源没有接入电路时两极的电压；在闭合电路中，电源的电动势等于内、外电路上电压之和；电源的电动势反映了电源把其他形式的能量转化为电能的本领。

2. 闭合电路欧姆定律　闭合电路中的电流，跟电源的电动势成正比，跟电路中的总电阻成反比。数学表达式为 $I = E/(R+r)$；在电源接上外电路时，电源内外有相同的电流，这时在内、外电阻上都有电势降落 $U_内$ 和 $U_外$，电动势就等于内、外电压之和，即 $E = U_内 + U_外 = Ir + IR$。式中 r 为电源内阻，R 为外电路电阻或负载。

学习中要清楚闭合电路中的电源有电阻，电源电动势有部分消耗在内阻上，外电路两端电压小于电动势。

3. 路端电压与负载的关系 路端电压为电源两极的电压也就是外电路两端的电压。路端电压与负载的关系式为 $U=IR=E-Ir$。当外电路电阻 R 增大时，由 $I=E/(R+r)$ 可知，电路电流 I 减小，再由 $U=E-Ir$，可知路端电压 U 增大；当 R 变为无穷大时，即外电路开路，电流 $I=0$，路端电压 $U=E$，称开路电压，这就是用仪表测量电动势的原理；当外电路电阻 R 减小时，电路电流 I 增大，路端电压 U 减小；当 R 变为零时，即外电路短路，电路电流 $I=I_s=E/r$，此时电流很大，若无措施，将造成电源的烧毁，该电流称短路电流。

4. 闭合电路中的功率 闭合电路中功率关系为 $EI=U_{外}I+U_{内}I$，即 $P_{总}=P_{外}+P_{内}$。电源提供的能量一部分被内阻损耗，一部分供给外电路消耗；供给外电路的功率称输出功率；当 $R=r$ 时，输出功率最大，$P_{max}=\dfrac{E^2}{4r}$。

5. 相同电池的连接 电池连接的目的是为了提供较大的电压和电流。电池串联成电池组：$E_{串}=nE$，总内阻 $r_{串}=nr$。当构成闭合电路时，$I=nE/(R+nr)$。电池串联可为外电路提供更高的电动势；并联电池组，$E_{并}=E$，$r_{并}=r/n$，$I=E/(R+r/n)$。电池并联虽不能提高电路电压，但可为外电路提供更大的电流。

 重点难点

1. 闭合电路欧姆定律；
2. 路端电压与负载关系。

 典型例题

例题 1 如图 7-21 所示，已知电源电动势 $E=220V$，内阻 $r=10\Omega$，$R=100\Omega$，求：①电路电流；②电源端电压；③负载上的电压降；④电源内阻上的电压降；⑤由计算说明功率平衡关系。

解析： 由全电路欧姆定律 $I=E/(R+r)=220/(10+100)=2(A)$

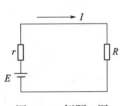

图 7-21 例题 1 图

电源端电压 $U=E-IR=220-10\times2=200(V)$

负载上的电压降 IR 等于路端电压为 200V

电源内阻电压降 $U_{内}=Ir=10\times2=20(V)$

电源产生的功率 $P_E=220\times2=440(W)$

电源内阻消耗的功率 $\Delta P=4\times10=40(W)$

电源输出的功率 $P=200\times2=400(W)$

由计算可知 $P_E=\Delta P+P$。也就是说电源的总功率等于输出功率和内阻上消耗的功率之和。

例题 2 测得电源的开路电压为 $12V$，短路电流为 $30A$，求：电源电动势和内阻？

解析： 当电源开路时，电路电流为零，开路电压等于电动势 $E=12V$

又短路电流 $I_s = E/r$

所以 $r = E/I_s = 12/30 = 0.4(\Omega)$

例题3　如图7-22（a）所示的电路中，当S闭合时，电压表和电流表（均为理想电表）的示数各为1.6V和0.4A；当S断开时，它们的示数各改变0.1V和0.1A。求：电源的电动势？

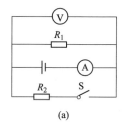 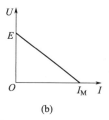

图7-22　例题3图

解法一：

当S闭合时，R_1、R_2 并联接入电路，由闭合电路欧姆定律得：$U_1 = E - I_1 r$，即 $E = 1.6 + 0.4r$

（1）当S断开时，只有 R_1 接入电路，由闭合电路欧姆定律得：$U_2 = E - I_2 r$　①

$E = (1.6 + 0.1) + (0.4 - 0.1)r$　②

（2）由①、②得：$E = 2\text{V}$，$r = 1\Omega$

解法二：

图像法：利用 U-I 图像。如图7-22（b）所示，图线的斜率 $K = \left| \dfrac{\Delta U}{\Delta I} \right| = 1\Omega$，由闭合电路欧姆定律 $E = Ir + U = 1.6 + 0.4r = 2\text{V}$，故电源的电动势为2V。

小结：闭合电路欧姆定律的应用、计算通常有两种方法，一是充分利用题目的已知条件，结合欧姆定律 $I = E/(R+r)$ 列方程求解。求电流 I 是关键，I 是联系内外电路的桥梁；I 是根据具体问题利用图像法，有时会带来更多方便。

例题4　两节干电池，电动势 E 相同，内阻同为 r，若将电池串联后与电阻 $R = r$ 组成电路和将电池并联后与该电阻组成电路。对这两次组成的电路，出现的情况是（　　）。

A. 电阻上消耗的功率相等

B. 前后两次组合，电池组内电压降相等

C. 前后两次组合，路端电压相等

D. 前后两次组合，电池组内电路中损耗的热功率、电压降相等

解析：如图7-23（a）所示，电路中的总电流为 I_1，电池内外电压分别为 $U_{1内}$、$U_{1外}$，电池内外功率分别为 $P_{1内}$、$P_{1外}$，则 $I_1 = 2E/3r$

$U_{1外} = I_1 R = 2E/3$

$U_{1内} = I_1(2r) = 4E/3$

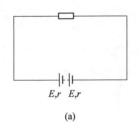 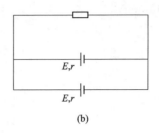

图 7-23　例题 4 图

$P_{1外}=U_{1外}I_1=4E^2/9r$

$P_{1内}=U_{1内}I_1=8E^2/9r$

若电池并联，如图 7-23（b），电路中的总电流为 I_2，电池内外电压分别为 $U_{2内}$、$U_{2外}$，电池内外功率分别为 $P_{2内}$、$P_{2外}$，则 $I_2=E/(r/2+r)=2E/3r$

$U_{2外}=I_2R=2E/3$

$U_{2内}=I_2(r/2)=E/3$

$P_{2外}=U_{2外}I_2=4E^2/9r$

$P_{2内}=U_{2内}I_2=2E^2/9r$

所以选项 A、C 正确，B、D 错误。

达标检测

1.一块太阳能电池板，测得它的开路电压为 800mV，短路电流为 40mA，若将该电池与一阻值为 20Ω 的电阻器连成一闭合电路，则它两端的电压是（　　）。

A. 0.1V　　　　　B. 0.2V　　　　　C. 0.3V　　　　　D. 0.4V

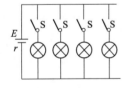

图 7-24　题 2 图

2. 如图 7-24 所示用两节干电池点亮几个小灯泡，当逐一闭合开关，接入灯泡增多时，以下说法正确的是（　　）。

A. 灯少时各灯较亮，灯多时各灯较暗

B. 各灯两端电压在灯多时较低

C. 通过电池的电流在灯多时较大

D. 电池输出功率灯较多时较大

3. 如图 7-25 所示的电路中，电源电动势 E 和内阻 r 恒定不变，电灯 L 恰能正常发光，如果变阻器的滑片向 b 端滑动，则（　　）。

A. 电灯 L 更亮，安培表的示数减小

B. 电灯 L 更亮，安培表的示数增大

C. 电灯 L 变暗，安培表的示数减小

D. 电灯 L 变暗，安培表的示数增大

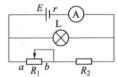

图 7-25　题 3 图

4. 如图 7-26 所示，电源电动势为 E，内阻为 r，R_1、R_2 为定值电阻，R_3 为滑动变阻器，当 R_3 的滑片 P 向右移动时，下列说法正确的是（　　）。

A. R_1 的功率必然减小

B. R_2 的功率必然减小

C. R_3 的功率必然增大

D. 电源消耗的功率必然减小

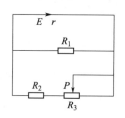

图7-26 题4图

5.两个电动势为2.2V、内阻为0.2Ω的相同的电池并联起来供电，如图7-27所示，$R_1=1\Omega$，$R_2=3.3\Omega$，求电压表的读数？

6.如图7-28所示，电阻 $R_1=R_2=3\Omega$，$R_3=6\Omega$，S 扳至 1 时，电流表的示数为 1A，S 扳至 2 时，电流表的示数为 1.5A，求电源的电动势和内阻（电流表的内阻不计）。

7.如图7-29所示电路中，$R_1=4\Omega$，$R_2=6\Omega$，电源内阻 $r=0.6\Omega$，若电路消耗的总功率为40W，电源输出功率为37.6W，求电源的电动势和阻值 R_3 的大小？

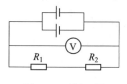

图7-27 题5图

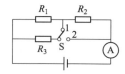

图7-28 题6图

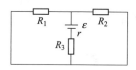

图7-29 题7图

117

第8章

磁 场

磁场知识同前面讲的电场知识一样，是电磁学的核心内容。通过本章的学习，应着重掌握磁感应强度的概念，掌握安培力和洛伦兹力以及带电粒子在匀强磁场中做圆周运动的规律等等。

本章分析、推理和推导的内容较多。例如，磁感应强度的概念建立；由安培力公式导出洛伦兹力公式；由洛伦兹力导出带电粒子在匀强磁场中运动规律等。通过学习，应逐步提高自身的分析问题能力以及综合运用知识解决问题的能力。

⯈ 8.1 磁场和磁感应线

学习目标

1. 了解磁场的基本特性；

2. 掌握磁感应线意义，了解条形磁铁、蹄行磁铁、直流电流、环形电流和通电螺线管的磁感应线分布情况；

3. 掌握电流的磁效应，会用安培定则判断直线电流、环形电流和通电螺线管的磁场方向。

知识诠释

1. 磁场　存在于磁体和电流周围空间一种特殊的物质。磁场对磁体或电流具有力的作用。

磁体　具有磁性的物体称磁体。磁体有一对磁极——南极 S 和北极 N，磁极不能独立存在；磁极之间具有相互作用：同名磁极相互排斥，异名磁极相互吸引；磁体周围空间存在磁场。

磁场的方向：小磁针在磁场中静止时北极 N 的指向规定为该点的磁场方向。

2. 磁感线　用来形象地描述磁场的强弱和方向的假设的一些有方向的曲线。曲线上的各点的切线方向表示该点的磁场方向；磁感线的疏密表示磁感应强度的相对大小。在磁体外部，磁感线由 N 极指向 S 极，磁体内部由 S 极指向 N 极，构成闭合曲线。

磁感线特点：任意两条磁感线不相交，磁感线是闭合曲线。

3. 电流的磁效应　直线电流、环形电流、通电螺线管等都会产生磁场，其方向可用安培定则来判断。

直线电流的磁场方向：用右手握住导线，让伸直的大拇指指向电流的方向，那么弯曲的四指所指的方向就是磁场的方向。距离直线电流越近，磁场越强。

环形电流和螺线管的磁场方向：用右手握住通有环形电流的螺线管，让弯曲的四指所指的方向跟电流的方向一致，那么大拇指的方向就是环形电流内部磁场的方向，也就是说，大拇指指向通电螺线管磁场的北极 N。

 重点难点

利用安培定则判断直流电流、环形电流、通电螺线管的磁场方向。

 典型例题

例题 1　如图 8-1（a）所示，小磁针静止在通电螺线管的旁边，在图上标出电流的方向。

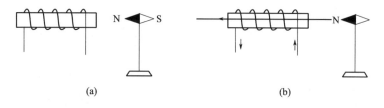

图 8-1　例题 1 图

解析：由通电螺线管的磁场与小磁针的相互作用情况"同性相斥，异性相吸"可以判断：螺线管的右边应该是 S 极。或由磁场方向为小磁针 N 所指方向画出磁感线如图 8-1（b）所示，再根据安培定则，右手握住螺线管，大拇指指向螺线管的 N 极，其余四指的方向就是通电螺线管中的电流方向，即电流从右边流入，左边流出，如图 8-1（b）所示。

小结：解决这类题的关键在于熟练掌握常见磁场的磁感线分布和安培定则。若将一个小磁针放在螺线管的内部，请你判断小磁针的南北极。

例题 2　如图 8-2（a）所示，在螺线管内部中间处放一小磁针，当开关闭合时，小磁针应怎样转动？

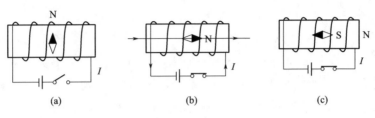

图 8-2　例题 2 图

解析： 小磁针处于螺线管内部，能绕水平轴在竖直平面内转动。当开关闭合时，根据通过螺线管的电流方向，利用安培定则，可知螺线管内部的磁感线方向自左向右，所以小磁针将沿顺时针方向绕水平轴转动 90°角，小磁针的 N 极与所在处磁感线方向相同，静止在图 8-2(b) 所示的位置。

小结： 有的同学这样判定：当开关闭合时，螺线管右端为 N 极，左端为 S 极，根据"同名磁极相斥，异名磁极相吸"的结论判定小磁针右端为 S 极，如图 8-2(c) 所示，这是错误的，原因是此结论仅适应于两个磁极互为外部磁极时，磁极间的相互作用。所以判断小磁针方向时，最好用 N 极与磁感线方向一致来判断。

例题 3　图 8-3(a) 所示，在直线电流下方放一小磁针时，磁针的 S 极向纸内偏转，在图上标出直线电流的方向。

解析： 小磁针 N 极指向磁针所在处磁场方向。依题可知电流下方的磁场方向由纸内向纸外。再由安培定则可判定电流方向由右向左，如图 8-3(b) 所示。

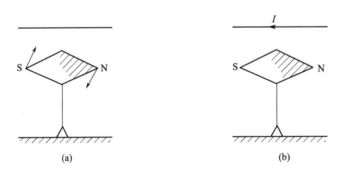

图 8-3　例题 3 图

 达标检测

1.如图 8-4 所示，开关 K 闭合时，若 a 处的小磁针 N 极由纸面指向纸里，则电源的 A 处是_____极，b 处的小磁针 S 极转向_____，c 处小磁针 N 极转向_____。

2.如图 8-5 所示，由通电螺线管内小磁针的指向，可知电源的左端是_____极，上端小磁针的 S 极应指向_____，左端小磁针的 N 极指向_____。

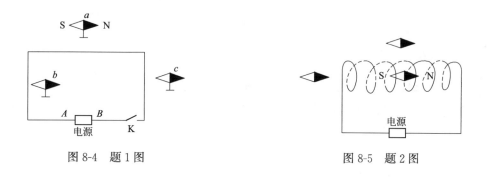

图 8-4　题 1 图　　　　　　　　图 8-5　题 2 图

8.2　磁感应强度和磁通量

学习目标

1.掌握磁感应强度 B 的概念，理解磁感应强度是矢量，大小表示磁场的强弱，方向为磁场方向。了解匀强磁场；

2.理解磁通量的概念，会计算匀强磁场中通过平面的磁通量。

知识诠释

磁感应强度矢量定量地描述了磁场强弱与方向，是电磁学中一个重要的基本概念。

1.安培力　磁场对电流的作用力。实验表明，电流在磁场中某处受安培力大小与电流的方向有关，电流方向与磁场平行时不受安培力作用，电流方向与磁场垂直时，安培力最大，其他方向时安培力介于两者之间；在磁场中同一地方电流受的安培力 F 与电流 I 成正比，与导线长度 L 成正比，F 与 IL 的比值为一常量，在磁场中不同地方 F 与 IL 的比值一般不同。

2.磁感应强度　在磁场中垂直磁场方向的通电导线，所受的安培力 F 跟电流 I 和导线长度 L 的乘积 IL 的比值称该处的磁感应强度 B，即 $B=F/IL$；单位是"特斯拉"，符号"T"。

磁感应强度是矢量，它的方向是该点磁场的方向即小磁针静止在磁场中 N 极所指的方向。

匀强磁场　磁场中某区域，磁感应强度大小和方向都相同的磁场。常见的匀强磁场为距离很近的两个异性磁极间的磁场、通电螺线管内部（两端边缘除外）磁场。匀强磁场的磁感线是分布均匀的平行线。

3.磁通量　穿过某一面积的磁感线的条数叫做穿过这个面积的磁通量；单位"韦伯"，符号"Wb"。

磁通量的计算：匀强磁场中穿过平面 S 的磁通量：$\varPhi=BS\cos\theta$。θ 为平面 S 与垂直磁场方向的投影平面 S 的夹角，当平面 S 与磁场垂直时，穿过的磁通量 $\varPhi=BS$；由上公式可知，穿过平面磁通量变化的原因可以为：B 变化，S 改变，B 与 S 方向发生变化。

重点难点

1.磁感应强度概念；

2.磁通量的有关计算。

典型例题

例题 下列说法中正确的是（　　）。

A.磁场中某一点的磁感应强度可以这样测定：把一小段通电导线放在该点时受到的磁场力 F 与该导线的长度 L 和通过的电流 I 乘积的比值，即 $B=\dfrac{F}{IL}$

B.通电导线在某点不受磁场力的作用，则该点的磁感应强度一定为零

C.磁感应强度 $B=\dfrac{F}{IL}$ 只是定义式，它的大小取决于磁场及磁场中的位置，与 F、L、I 以及通电导线在磁场中的放置方向无关

D.通电导线所受磁场力的方向就是磁场的方向

解析： 由磁感应强度的定义知，通电导线应为"在磁场中垂直于磁场方向的通电导线"，只有在这个方向导线受磁场力最大；本题 A 选项未说明导线放置方向，故 A 错，电流方向与磁场平行时，不受磁场力作用，但该处的磁感应强度不一定为零，所以 B 选项也是错误的。在磁场稳定的情况下，磁场内各点的磁感应强度（含大小和方向）都是唯一确定的，与放入该点的检验电流无关，C 选项正确。根据左手定则，磁场力方向与磁感应强度方向垂直，D 选项错误。答案 C。

小结：

（1）磁感应强度 $B=\dfrac{F}{IL}$ 是用比值法定义的，B 与 F、I、L 无关，是由磁场本身决定的；

（2）安培力的方向与磁场的方向垂直，这与电场力的方向和电场方向的关系是不一样的，学习中应引起足够重视。

达标检测

1.关于磁感强度的下列说法中错误的是（　　）。

A.一小段通电导线在磁场中某处不受磁场力的作用则该处的磁感强度一定为零

B.一小段通电导线在磁场中某处受到的磁场力越小，说明该处的磁感强度越小

C.磁场中某点的磁感强度方向就是放在该点的一小段通电导线的受力方向

D.磁场中某点的磁感应强度的大小和方向跟放在该点的通电导线受力情况无关

2.关于磁感线，下列说法中正确的是（　　）。

A.磁感线一定是从 N 极出发，中止于 S 极

B. 小磁针在磁场中受到的磁场力的方向即是该点磁感线的方向

C. 沿着磁感线的方向磁感应强度越来越小

D. 若磁场中某区域的磁感线是等间距的、方向相同的平行线，则该区域为匀强磁场

3. 对通有恒定电流的长直的螺线管，下列说法正确的是（　　）。

A. 该螺线管内部为匀强磁场

B. 该螺线管外部为匀强磁场

C. 放在螺线管内部的小磁针静止时，小磁针 N 极指向螺线管 N 极

D. 放在螺线管外部的螺线管中点处小磁针静止时，小磁针 N 极指向螺线管 N 极

4. 如图 8-6 所示，套在条形磁铁外部的两个圆环 a 和 b，下列说法正确的是（　　）。

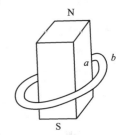

A. 穿过 a 环所围面积的磁通量大

B. 穿过 b 环所围面积的磁通量大

C. 穿过两环所围面积的磁通量一样大

D. 没有具体数据，无法判断

图 8-6　题 4 图

5. 匀强磁场中，有一根长 0.4m 的通电导线，导线中的电流为 20A，这条导线与磁场方向垂直时，所受的磁场力为 0.015N，求磁感应强度的大小？

6. 有一匀强磁场，它的磁感线与一矩形线圈平面成 30° 夹角，穿过次线圈的磁通量为 10^{-3}Wb，线圈面积 0.01m²。则该匀强磁场的磁感应强度？

7. 某小型变压器铁芯内的磁感应强度为 0.50T，穿过截面积为 2.0cm² 的铁芯的磁通量是多少？

8.3　磁场对载流导体的作用

学习目标

1. 掌握安培定律，会利用安培定律计算安培力；

2. 掌握左手定则，会用它确定安培力的方向；

3. 了解匀强磁场对平面载流线圈作用力矩及直流电动机的基本原理。

知识诠释

安培力在日常生活和生产实践中有着广泛应用。例如磁电式仪表、电动机、继电器等多种设备都是利用安培力设计制造的。因此，同学们应牢牢掌握本节知识，为今后学习专业知识打好基础。

1. 安培力　安培力是磁场对通电导线的作用力，其大小 $F = IL\sin\theta$（安培定律），方向用左手定则确定。F 的方向总是垂直于 L、B 方向所决定的平面，也就是说 F 与

L、B 方向垂直；当 L 与 B 垂直时，F、L、B 三者相互垂直，直接用左手定则确定；当 L 与 B 不垂直时，可将 B 分解为与 L 垂直方向和平行方向分量，用垂直方向分量代替 B 用左手定则确定；也可用下述变通方法：使左手手掌垂直于 L、B 方向所决定的平面，四指指向电流方向，且让磁感线穿入手心，则与四指垂直的大拇指方向即为安培力方向。

2. 磁场对通电线圈产生作用力矩，在匀强磁场中，磁场对通电平面线圈的力矩大小 $M = NBIS\cos\theta$，该式适用于任意形状的平面线圈，θ 为 B 方向与线圈平面的夹角。直流电动机就是利用该原理制成的。

重点难点

安培力大小的计算和方向的确定。

典型例题

例题 1　如图 8-7 所示，平行金属导轨间距 50cm，固定在水平面上，一端接入电动势为 $E = 1.5$V，内电阻 $r = 0.2\Omega$ 的电池，金属杆电阻 $R = 2.8\Omega$，质量 $m = 50$g，与平行导轨垂直放置，其余电阻忽略不计，金属杆处于磁感应强度为 $B = 0.8$T，方向与水平面成 $60°$ 角的匀强磁场中，接通电路瞬间，求：

(1) 金属杆受到的安培力的大小？

(2) 金属杆对导轨的压力多大？

解析：(1) 金属通过的电流 $I = E/(R+r) = 1.5/(2.8+0.2) = 0.5$A

所受的安培力 $F = BIL = 0.8 \times 0.5 \times 0.5 = 0.2$N

F 的方向垂直金属棒与水平方向成 $30°$ 角左向上。

(2) 轨道所受的压力为

$N = mg - F\sin30° = 0.5 \times 10 - 0.2 \times 1/2 = 0.5 - 0.1 = 0.4$N

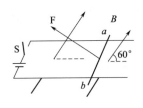

图 8-7　例题 1 图

小结：在判断安培力的方向时，应注意安培力（F）总是垂直于磁场（B）和电流（I）所确定的平面内，正确确定安培力的方向，是解决该题的关键。

例题 2　通电矩形导线框 $abcd$ 与无限长通电直导线 MN 在同一平面内，电流方向如图 8-8 所示，ab 边与 MN 平行，关于 MN 的磁场对线框的作用，下列叙述正确的是（　　）。

A. 线框有两条边所受的安培力方向相同

B. 线框有两条边所受的安培力大小相等

C. 线框所受安培力的合力向左

D. cd 边所受安培力对 ab 边的力矩不为零

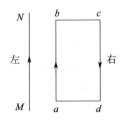

图 8-8　例题 2 图

解析：通电矩形线框 $abcd$ 在无限长直通电导线形成的磁场中，磁场方向垂直纸面向里，各边都要受到安培力的作用；对于 da 边和 bc 边，所在的磁场相同，但电流方向 M 相反，即 da 边所受安培力大小相等，方向相反，合力为零，B 正确；而对于 ab 和 cd 两条边，由左手定则判断，ab 边受安培力方向向左，受力方向向右，由于 ab 边离长直导线近，磁感应强度大，安培力大，而 cd 边离长直导线的位置远，磁感应强度小，所受安培力小，所以 ab、cd 两边的合力方向向左，故 C 正确。答案是 B、C。

例题 3 一段通电导线平行于磁场方向放入匀强磁场中，导线上的电流方向自左向右，如图 8-9 所示，在导线以其中心点为轴转动 90°的过程中，导线受到的安培力（   ）。

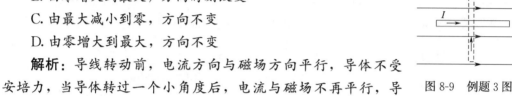

A. 大小不变，方向不变

B. 由零增大到最大，方向时刻改变

C. 由最大减小到零，方向不变

D. 由零增大到最大，方向不变

解析： 导线转动前，电流方向与磁场方向平行，导体不受安培力，当导体转过一个小角度后，电流与磁场不再平行，导线受到安培力的作用，当导体转过 90°时，电流与磁场垂直，此时导体所受安培力最大，根据左手定则判断知，力的方向始终不变，选项 D 正确。

图 8-9 例题 3 图

小结： 公式 $F=BIL$ 的适用条件是，匀强磁场，电流与磁场垂直，若不垂直，应将导体长度向垂直于磁场的方向投影，找出受力的有效长度。

达标检测

1. 在一匀强磁场中放一通电直导线，方向与磁场成 30°角，导线长为 0.2m，通以 10A 的电流，测得它受到的磁场力为 0.4N，该磁场的磁感应强度大小为_____。

2. 如图 8-10 所示，通电直导线 AB 不动，则通电直导线 CD 受 AB 施加的安培力方向是_____。

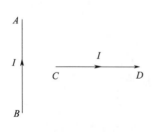

图 8-10 题 2 图

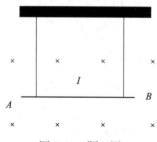

图 8-11 题 3 图

3. 一根粗细均匀的导线 AB 长为 0.5m，质量为 10g，用两根柔软的细线悬挂在磁感应强度为 0.4T 的匀强磁场中，如图 8-11 所示，要使细线的拉力为零，则金属导线中的电流大小和方向是_____。

4. 一长为 5cm，通有电流 0.2A 的直导线，放在如图 8-12 所示的磁感应强度为 0.1T 的匀强磁场中，它所受的安培力 F 的大小分别是（a）_____ N，（b）_____ N，（c）_____ N。

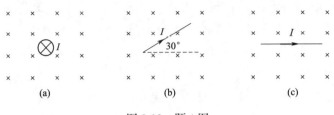

图 8-12　题 4 图

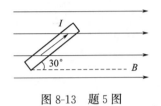

图 8-13　题 5 图

5.如图 8-13 所示通有电流 I 直导线处于匀强磁场中，与磁感线成 $\theta = 30°$ 角，为了增大导线所受的安培力，可采取的办法是（　　）。

A. 增大电流 I

B. 增加直导线的长度

C. 使导线在纸面内顺时针转 30° 角

D. 使导线在纸面内逆时针转 60° 角

6.图 8-14 中磁感应强度，电流和安培力之间的关系错误的是（　　）。

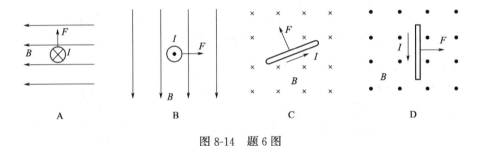

图 8-14　题 6 图

8.4　磁场对运动电荷的作用

学习目标

1. 理解洛伦兹力，会计算匀强磁场中带电粒子受到的洛伦兹力；

2. 能用左手定则确定洛伦兹力方向；

3. 理解带电粒子在匀强磁场中的运动规律，会计算轨道半径、周期；

4. 了解回旋加速器、质谱仪的工作原理。

知识诠释

安培力是洛伦兹力的宏观表现，磁场对电流的作用归根结底是磁场对运动电荷的作用，安培力与洛伦兹力具有相同的本质。洛伦兹力在实际中有广泛的应用，回旋加速器就是一个典型的实例。

1. 洛伦兹力　磁场对运动电荷的作用力叫做洛伦兹力。其大小计算公式：$f =$

$qvB\sin\theta$。式中的 θ 为电荷的速度方向与磁感应强度 B 方向间的夹角。可见，洛伦兹力的大小不仅与 q、B 有关，还与带电粒子的运动情况有关。当运动速度方向与磁场方向平行时，不受洛伦兹力作用；运动速度与磁场方向垂直时，带电粒子所受洛伦兹力最大。

上式不仅可用于计算匀强磁场对运动电荷的洛伦兹力，还适用于非匀强磁场，只是在计算时用电荷所在位置的 B 与此时的速度代入即可。

2. 洛伦兹力方向 洛伦兹力方向用左手定则判断。即四指伸直指向正电荷的运动方向，使磁感线垂直穿入手心，与四指垂直的大拇指方向即为洛伦兹力的方向；但要注意左手四指伸直的指向是正电荷运动方向，若是负电荷，四指伸直指向与电荷运动方向相反的方向。在应用左手定则时一定要清楚这点。

洛伦兹力的方向既与电荷运动速度方向垂直，又与磁场方向垂直。即洛伦兹力垂直于速度 v 与磁场 B 所在的平面。

3. 带电粒子在匀强磁场中的运动 若带电粒子只受磁场作用，运动方向不同，所受磁场作用不同，运动规律也不一样。

当带电粒子沿磁感线方向运动时（$\theta=0°$或$180°$），不受洛伦兹力，带电粒子在磁场中做匀速直线运动。当带电粒子速度方向与磁感应强度方向垂直时，所受的洛伦兹力方向始终与速度方向垂直，洛伦兹力充当向心力，带电粒子做匀速圆周运动（图 8-15）。

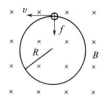

图 8-15 带电粒子做
匀速圆周运动

向心力：$Bqv=\dfrac{mv^2}{R}$

轨道半径：$R=\dfrac{mv}{qB}$

圆周运动周期：$T=\dfrac{2\pi m}{qB}$，运动周期只与粒子的质荷比（m/q）有关，与粒子的速度 v、半径 R 的大小无关。

 重点难点

匀强磁场中洛伦兹力的计算与方向的确定。

 典型例题

例题 1 关于带电粒子在匀强电场和匀强磁场中的运动，下列说法正确的是（　　）。

A. 带电粒子沿电场线射入，电场力对带电粒子做正功，粒子功能一定增加

B. 带电粒子垂直于电场线方向射入，电场力对带电粒子不做功，从而粒子动能不变

C. 带电粒子沿磁感线方向进入磁场，洛伦兹力对带电粒子做正功，粒子动能一定增加

D. 不管带电粒子从什么方向进入磁场，洛伦兹力对带电粒子都不做功

解析： 在电场中，带电粒子受到的电场力 $F=qE$ 只与电场强度 E 及粒子电量 q 有关，与粒子运动状态无关，功的正负由电场力与粒子的夹角 θ 决定，所以选项 A 中，粒子带正电则成立，带负电则不成立，而垂直于电场线射入的带电粒子，无论粒子带电性如何，电场力都会做正功，动能增加，而在磁场中，带电粒子受洛伦兹力的大小除与磁感应强度 B、粒子电量 q 有关外，还与粒子运动方向及 v 的大小有关，粒子平行于磁感线射入，则不受洛伦兹力作用，粒子做匀速直线运动。在其他方向上因为洛伦兹力总与速度方向垂直，所以洛伦兹力对带电粒子始终不做功，D 正确。

小结： 带电粒子不仅仅受磁场力作用时的运动：带电粒子在磁场中运动时与力学中遵从相同的规律，只是多受了一个洛伦兹力。但分析时要注意洛伦兹力的特点：其大小及方向都与带电体相对磁场的运动有关，而且洛伦兹力永不做功，带电粒子受电场力和洛伦兹力是不一样的，从条件到公式都有很大区别，在应用时要注意区分。

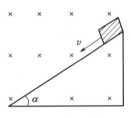

图 8-16 例题 2 图

例题 2 一质量为 $m=0.1$g 的小滑块，带有 $q=5\times10^{-4}$C 的电荷，放置在倾角为 $\alpha=30°$ 的光滑斜面上，斜面绝缘。斜面置于 $B=0.5$T 的匀强磁场中，磁场方向垂直纸面向里（图 8-16）。小滑块由静止沿斜面开始滑下，其斜面足够长，小滑块滑至某一位置时，要离开斜面，求：

(1) 小滑块带何种电荷？

(2) 小滑块离开斜面的瞬时速度？

(3) 该斜面的长度至少多长？（$g=10$m/s^2）

解析： (1) 小滑块沿斜面下滑过程中，受重力 mg、斜面支持力 N 和洛伦兹力 f，若要小滑块离开斜面，洛伦兹力 f 方向应垂直斜面向上。根据左手定则，小滑块应带负电荷。

(2) 小滑块沿斜面下滑时，垂直斜面方向的加速度为零。有 $Bqv+N-mg\cos\alpha=0$ 当 $N=0$ 时，小滑块开始脱离斜面，所以

$$v=\frac{mg\cos\alpha}{Bq}=\frac{0.1\times10^{-3}\times1.73}{2\times0.5\times5\times10^{-4}}=3.46\,(\text{m/s})$$

(3) 下滑过程中，只有重力做功，有动能定理得：$smg\sin\alpha=\frac{1}{2}mv^2$

斜面的长度至少应是：$s=\dfrac{v^2}{2g\sin\alpha}=1.2\,(\text{m})$

小结： 带电粒子在磁场中运动时，洛伦兹力与速度方向垂直，不做功，应用动能定理是最好的解决方法。

达标检测

1.若质子和电子两种粒子都垂直地进入同一匀强磁场中，做半径相同的匀速圆周运动，质子和电子的质量分别为 M 和 m，则它们的动能之比为＿＿＿＿＿＿，它们的动量大小之比为＿＿＿＿＿。

2.带电荷量$+q$粒子在匀强磁场中运动,下列说法正确的是（   ）。

A. 只要速度大小相同,所受洛伦兹力就相同

B. 如果把$+q$改为$-q$,且速度反向,大小不变,则洛伦兹力的大小、方向均与原来对应不变

C. 洛伦兹力方向一定与电荷速度方向垂直,磁场方向一定与电荷运动方向垂直

D. 粒子在只受到洛伦兹力作用下运动的动能、动量均不变

3.一个电子和一个质子,以相同的速度垂直于磁感线方向进入匀强磁场,在磁场中做匀速圆周运动,那么这两个粒子（   ）。

A. 偏转方向相同,半径相同

B. 偏转方向不同,半径相同

C. 偏转方向相同,半径不相同

D. 偏转方向不同,半径不相同

4.一个质子和一个α粒子以同样的速度进入同一个匀强磁场,已经α粒子的质量是质子的4倍,电量是质子的2倍,则二者在磁场中轨道半径之比及周期之比为（   ）。

A.1∶2,2∶1　　B.1∶2,1∶2　　C.1∶4,1∶2　　D.1∶1,1∶1

5.地球的磁场可以使太空来的宇宙射线发生偏转。已知北京上空某处的磁感应强度为1.2×10^{-4}T,方向由南指北,如果有一速度$v=5.0\times10^5$m/s的质子竖直向下运动,则质子受到的磁场力是多大?向哪个方向偏?

第9章

电磁感应

本章以法拉第电磁感应定律为中心，进一步揭示电与磁的内在联系。法拉第电磁感应定律是本章的重点，而楞次定律及其应用、法拉第电磁感应定律是本章的难点。法拉第电磁感应定律和楞次定律具有普遍性，是电磁感应现象的基本定律。本章分为四个单元：1.电磁感应现象；2.楞次定律与感应电流；3.法拉第电磁感应定律；4.自感现象及其应用。

9.1 电磁感应现象

学习目标

1. 了解电磁感应现象；
2. 理解电磁感应现象的条件。

知识诠释

1. 电磁感应现象 自从奥斯特发现电流周围存在磁场之后，人们一直在思索利用磁场在导体中产生出电流的问题。后来法拉第发现了利用磁场产生电流的条件，并总结得到电磁感应的规律，首次利用磁场的变化在闭合回路中产生电流，这个现象叫做电磁感应现象。

2. 电磁感应的条件 通过大量的实验总结得到发生电磁感应的条件是穿过回路的磁通量发生变化。当回路闭合时，回路中产生感应电流；回路不闭合，也有电磁感应，但没有电流产生。

导体在磁场中切割磁感应线运动时，闭合电路中有感应电流产生，这类电磁感应现象也可以归结到回路磁通量发生变化的电磁感应中。

学习指导

本节采用了观察—分析—归纳的方法，总结得到电磁感应现象的产生条件是穿过回路的磁通量的变化。实验法是物理学的重要方法。

典型例题

例题　如图 9-1 所示，关于闭合导线框中产生感应电流的下列说法正确的是（　　）。

A. 只要闭合导线框在磁场中做切割磁力线运动，线框中就会产生感应电流

B. 只要闭合导线框中处于变化的磁场中，线框中就会产生感应电流

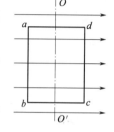

C. 矩形导线框以任何一条边为轴在磁场中旋转，线框中都会产生感应电流

图 9-1　例题图

D. 闭合导线框以其对称轴 OO' 在磁场中转动，当穿过线框的磁通量最大时，线框内不产生感应电流，当穿过线框的磁通量为零时，线框内有感应电流

解析：线框在磁场中切割磁力线运动时，并不都产生感应电流，如线框沿水平方向向纸里或纸外平动，ab 和 cd 确实切割磁力线，但线框内的磁通量没发生变化，故线圈中没有感应电流。选项 A 错误。

当线框平面与磁感线平行时，尽管磁场中磁感应强度发生了变化，线框内的磁通量没发生变化，故线圈中没有感应电流，选项 B 错误。

线圈在如图所示的情况中，绕 bc 边或 ad 边旋转时，线框平面始终与磁感应线平行，线框内的磁通量没发生变化，故线圈中没有感应电流，选项 C 错误。

线框以其对称轴 OO' 在磁场中转动，线圈在如图位置时磁通量为零，但磁通量的变化率最大，所以感应电流也最大。当转到平面与磁感线垂直时，磁通量最大，但磁通量的变化率为零，则不产生感应电流。故选项 D 正确。

达标检测

1. 下面属于电磁感应现象的是（　　）。

A. 通电导体周围产生磁场

B. 磁场对感应电流发生作用，阻碍导体运动

C. 由于导体自身电流也发生变化，导体周围磁场发生变化

D. 闭合线圈所在磁场中磁感应强度发生变化，导致闭合线圈中产生感应电流

2. 关于产生感应电流的条件（　　）。

A. 位于磁场中的闭合线圈，一定能产生感应电流

B. 闭合线圈和磁场发生相对运动，一定能产生感应电流

C. 闭合线圈做切割磁感线运动，一定能产生感应电流

D. 穿过闭合线圈的磁感线条数发生变化，一定能产生感应电流

3. 匀强磁场有一圆形闭合导体线圈，线圈平面垂直于磁场方向，要使线圈在磁场中能产生感应电流，应使（　　　）。

A. 线圈沿自身所在平面做匀速运动　　　B. 线圈沿自身所在平面做加速运动

C. 线圈绕任意一条直径做匀速运动　　　D. 线圈绕任意一条直径做加速运动

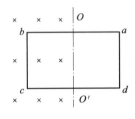

图 9-2　题 4 图

4. 如图 9-2 所示，开始时，线圈平面与磁场垂直，且一半在匀强磁场中，另一半在匀强磁场外。若要使线圈产生感应电流，下列方法可行的是（　　　）。

A. 以 ab 为轴转动

B. 以 OO' 为轴转动

C. 以 ad 为轴转动（小于 60°）

D. 以 bc 为轴转动（小于 60°）

5. 如图 9-3 表示闭合电路的一段导体在磁场中的运动情况，导线中能产生感应电流的图形是（　　　）。

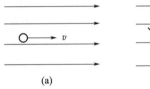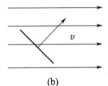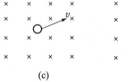

(a)　　　　　　　　　(b)　　　　　　　　　(c)　　　　　　　　　(d)

图 9-3　题 5 图

6. 如图 9-4 所示，在无限长载流直导线下放置一矩形线圈，并保持矩形与导线共面，线圈做何种运动产生感应电流？

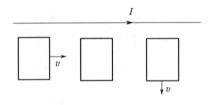

图 9-4　题 6 图

9.2　感应电流的方向

1. 理解楞次定律；

2. 会应用楞次定律判断感应电流方向；

3. 掌握右手定则。

知识诠释

1. 右手定则 当回路的部分部分导体做切割磁感应线运动时，闭合回路中就有感应电流产生。感应电流的方向可以用右手定则来判定。右手定则中涉及磁场方向、导线运动方向和感应电流方向，磁场方向总是垂直于导体运动方向和感应电流方向所决定的平面。

2. 楞次定律 感应电流的方向，总是使其磁场阻碍引起感应电流的磁通量变化。这是楞次在总结法拉第等前人成果的基础上，通过实验研究，于1834年发现的，一举解决了感应电流的方向问题。

楞次定律的表述既揭示了感应电流的取向，又说明了引起电磁感应的条件。楞次定律的表述十分清楚，感应电流的磁场总是阻碍磁通量的变化，不是阻碍原磁场和磁通量，而是指感应电流的磁场总是阻碍原磁通的增加或减少。"阻碍"不仅有"反抗"的意思，还有"补偿"的含义，反抗磁通量的增加，补偿磁通量的减少。即当回路 F 的磁通量增加时，感应电流的磁场方向与原磁场反向；当通过回路的磁通量减少时，感应电流的磁场与原磁场同向。

楞次定律体现了能量转换和守恒。

利用楞次定律判断感应电流方向步骤：

（1）分析原磁场的方向；

（2）明确回路磁通量的变化情况，磁通量是增加还是减少；

（3）依据楞次定律，判明感应电流磁场的方向。

（4）最后应用安培定则，判断感应电流方向。

重点难点

楞次定律及其应用；右手定则及其应用。

典型例题

例题1 如图9-5所示，闭和导线环和条形磁铁都可以绕水平的中心轴 OO' 自由转动，开始时，磁铁和圆环都静止在竖直的平面内，条形磁铁突然绕 OO' 轴，N极向纸里，S极向纸外转动，在此过程中，圆环将（　　）。

A. 产生逆时制的感应电流，圆环上端向里，下端向外随磁铁转动

B. 产生顺时针的感应电流，圆环上端向外，下端向里转动

C. 产生逆时针的感应电流，圆环并不转动

D. 产生顺时针的感应电流，圆环并不转动

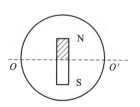

图9-5 例题1图

解析：由于条形磁铁 N 极向纸里，S 极向纸外转动，使圆环内向纸面内的磁感线增多，产生感应电流的磁场方向与磁铁的磁场方向相反，因此感应电流方向沿逆时针方向。

圆环中的感应电流又受安培力的作用，圆环上部受到向里的安培力，下部受到向外的安培力，圆环随条形磁铁运动。所以正确选项是 A。

例题 2　如图 9-6(a) 所示，通电螺线管与电源相连，与螺线管同一轴线上套有三个轻质铝环，B 在螺线管中央，A、C 位置如图所示，忽略三环中感应电流的相互影响，S 闭合，则（　　）。

A. A 向左、C 向右运动，B 不动

B. A 向右、C 向左运动，B 不动

C. A、B、C 都向左运动

D. A、B、C 都向右运动

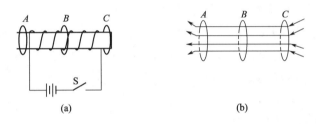

(a)　　　　　　(b)

图 9-6　例题 2 图

解析：用阻碍磁通量变化来判断，画出通电螺线管磁感线分布如图 9-6(b) 所示，对 A 环，阻碍磁通量增加应向左运动，即朝磁通量较小的左方运动。同理可知，C 环向右运动，对 B 环，因左右两侧磁感线是对称的，即不动，若电源反向也是同样效果。因此，正确选项是 A。

达标检测

一、判断题（判断下列说法的对错）

1. 感应电流产生的磁场总是跟引起感应电流的磁场方向相反。（　　）

2. 感应电流产生的磁场总是跟引起感应电流的磁场方向相同。（　　）

3. 感应电流产生的磁场总是阻碍引起感应电流的磁场的变化。（　　）

4. 在导体与磁场发生相对运动而出现感应电流时，感应电流产生的磁场总是阻碍导体与磁场间的相对运动。（　　）

5. 楞次定律中的"阻碍"是指感应电流产生的磁场，可以阻止引起感应电流的磁场的变化。（　　）

二、填空题

1. 如图 9-7 所示，当磁铁 S 极向右运动时，判断电阻 R 上的电流方向。

2.如图 9-8 所示，当回路 B 中开关_____时，回路 A 中才出现图示的电流方向。

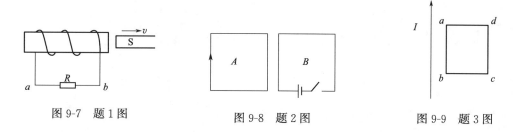

图 9-7 题1图　　　　图 9-8 题2图　　　　图 9-9 题3图

3.如图 9-9 所示，平面线圈与通电直导线在同一平面内，当线圈向右平动时，线圈中感应：电流为_____时针方向，当线圈向下平动时，线圈中感应电流为_____。

三、填空题

1.如图 9-10 所示闭合电路中一段导体在匀强磁场中的运动，能正确表示感应电流方向、磁场方向、导线运动方向三者关系的是（　　）

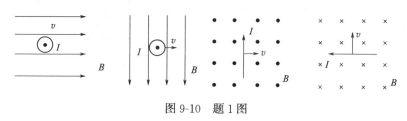

图 9-10 题1图

2.在图 9-11 中能正确表示楞次定律的是（　　）

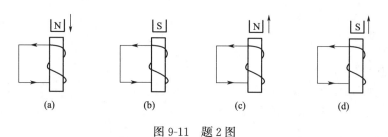

图 9-11 题2图

3.如图 9-12 所示，当磁铁远离线圈时，电阻 R 中的感应电流（　　）

A. 为零　　　　B. 由下向上

C. 由上向下　　D. 无法判断

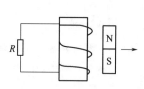

图 9-12 题3图

4.如图 9-13 所示，导线 ab 在磁场中可沿平行的导轨左右滑动，产生由 a 流向 b 的感应电流，原因是（　　）。

A. ab 向左滑动　　　　　　　B. ab 向右滑动

C. ab 不动，磁场减小　　　　D. ab 不动，磁场增加

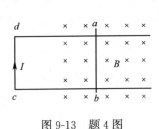

图 9-13　题 4 图　　　　　　　　　　图 9-14　题 5 图

5. 如图 9-14 所示，将金属环用丝线吊起并处于静止状态当条形磁铁由右边迅速插入圆环时（　　）。

　　A. 金属环将向右运动，环中感应电流顺时针方向

　　B. 金属环将向右运动，环中感应电流逆时针方向

　　C. 金属环将向左运动，环中感应电流顺时针方向

　　D. 金属环将向左运动，环中感应电流逆时针方向

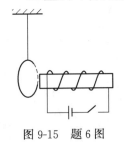

　　6. 如图 9-15 所示，在线圈旁挂一金属环，在下列描述中正确的是（　　）。

　　A. 通电和断电瞬间，金属环都向右运动

　　B. 通电和断电瞬间，金属环都向左运动

　　C. 金属环通电瞬间，向右运动。断电瞬间，向左运动

　　D. 金属环通电瞬间，向左运动。断电瞬间，向右运动

图 9-15　题 6 图

9.3　感应电动势

学习目标

1. 理解感应电动势概念；

2. 理解磁通量的变化率并能区分 Φ、$\Delta\Phi$、$\Delta\Phi/\Delta t$；

3. 理解法拉第电磁感应定律；

4. 会利用法拉第感应定律计算相关问题。

知识诠释

　　法拉第电磁感应定律是电磁感应的基本定律。它揭示了电磁感应的本质和遵循的规律。本节是学习本章的重点，也是学习的难点。学习过程中应从以下几个方面来理解。

　　1. 电磁感应现象的本质是产生感应电动势。

　　2. 感应电动势的大小与磁通量的变化率成正比，即 $E = N\dfrac{\Delta\Phi}{\Delta t}$，而不是与磁通量成正比。磁通量的变化率是单位时间内穿过回路的磁通量变化量。感应电动势的大小

与穿过回路的磁通量以及磁通量的改变量无关。

3.当回路中一部分导体切割磁力线时，产生感应电动势可以用 $E=BLv\sin\theta$ 计算。上式是法拉第电磁感应定律的特例。利用上式计算时，应注意磁场方向、导线运动方向和电动势方向的关系，当三者垂直时可简化为 $E=BLv$。

学习指导

法拉第电磁感应定律在现在的范围内只能计算在某段时间内的电动势的平均值，而 $E=BLv\sin\theta$ 既可以计算电动势的平均值，也可以计算瞬时值。

典型例题

例题　如图 9-16 所示：固定于水平面上的金属框，处在竖直向里的匀强磁场中，金属棒在框架上，可无摩擦滑动，此时 $B=0.2$T，$L=0.5$m，$v=5$m/s，导体与速度的夹角为 $30°$，回路的总电阻为 1Ω。

求：（1）产生的感应电动势的大小是多少？

（2）回路中的感应电流的大小是多少？

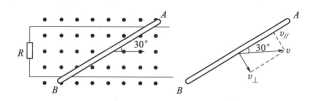

图 9-16　例题图

解析：根据产生感应电动势公式分解为 $E=BLv\sin\theta$，θ 为速度方向与磁感应线方向的夹角。公式 $E=BLv$ 要求速度方向、导线、磁感线三者方向相互垂直，所以本题有两种方法：（1）将速度分解为垂直于棒和平行于棒；（2）将棒的长度分解为平行于速度和垂直于速度。

根据右手定则可判断，感应电动势的方向由 A 到 B。

感应电动势的大小：$E=BLv\sin\theta=0.2\times0.5\times5\times0.5=0.25$(V)

由全电路欧姆定律：$I=E/R=0.25/1.0=0.25$(A)

达标检测

一、判断题

1.穿过线圈的磁通量越多，线圈中感应电动势越大。（　　）

2.穿过线圈的磁通量改变得越快，线圈中感应电动势越大。（　　）

3.穿过线圈的磁通量变化越大，线圈中感应电动势越大。（　　）

4.穿过线圈的磁通量为零时，线圈中感应电动势一定为零。（　　）

5.穿过线圈的磁通量不变时，线圈中不产生感应电动势。（　　）

6.穿过线圈的感应电动势只跟单位时间内磁通量的改变有关。（　　　）

二、填空题

1.当穿过一个确定线圈的_____发生变化时，线圈中产生感应电动势，感应电动势的大小跟_____成正比。

2.一段直导线在匀强磁场中运动所产生的感应电动势的大小除了跟 BLv 有关外，还和_____有关。

3.应用公式 $E=BLv$ 的前提条件是_____。

4.一直导线长为10cm，速度为20m/s，匀强磁场的感应强度为0.04T，在如图9-17的三种情况下，感应电动势的大小分别为（a）_____，（b）_____，（c）_____。

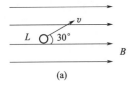
(a)

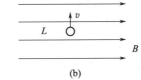
(b)

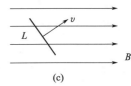
(c)

图9-17　题4图

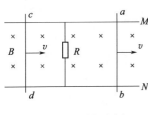

图9-18　题5图

5.如图9-18所示，M、N 为水平面的平行导轨，导轨处在竖直向下的匀强磁场中，磁感应强度为 B，两根导体棒 ab、cd，长为 L，并以相同的速度 v 向右匀速运动，导轨间电阻为 R，则两导轨间的电压为_____。

三、计算题

1.如图9-19所示，匀强磁场 $B=0.8$，闭合电路的 $L=0.2$m 的一段导体在磁场中沿着跟磁场方向成30°角的方向运动，速度 $v=50$m/s，L 垂直磁场方向，闭合电路的总电阻为10Ω，求：感应电流的大小和方向？感应电流所受的安培力的大小和方向？

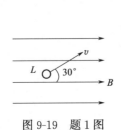

图9-19　题1图

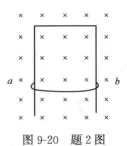

图9-20　题2图

2.有一磁感应强度 $B=0.2$T 的匀强磁场，在垂直磁场方向的平面内放入一矩形金属框，框的一边可以无摩擦的上下滑动，如图9-20所示。ab 质量 $m=4$g，长度 $L=10$cm，AB 边的电阻 $R=0.1$Ω（其余电阻忽略），求 ab 在滑落过程中变为匀速下落时的速度大小？（$g=10$m/s^2）

9.4 互感和自感

学习目标

1. 了解互感现象、自感现象及自感电动势；
2. 了解自感和互感现象应用。

知识诠释

互感、自感现象是两种特殊的电磁感应现象，在生产技术中应用广泛。

1. 自感现象 自感是流过回路自身电流的变化而引起的电磁感应现象。应注意：

(1) 自感是导体本身电流变化，引起磁通量变化；

(2) 自感电动势的作用是阻碍电流变化。即当电流增大时，自感电动势阻碍电流增大，但电流减小时，阻碍电流减小，总是起着推迟电流变化的作用。

自感现象是能量守恒定律再次体现，当自感电动势阻碍电流增加时，电场能变成磁场能存储在线圈中，而在阻碍电流减小时，磁场能转为电场能从线圈中释放出来。

自感现象中产生的电动势称为自感电动势。自感电动势的大小和方向跟流过回路电流变化快慢有关。即 $E_L = L\dfrac{\Delta \Phi}{\Delta t}$。其中 L 是线圈的自感系数。自感系数的大小与线圈的形状、长度、匝数有关。线圈越粗、越长、匝数越多，自感系数越大。自感系数与电流强度无关。

2. 互感现象 一个线圈内电流变化在临近线圈中产生感应电流的现象。变压器、电动机就是利用互感而工作的。

学习指导

互感、自感现象在生活中应用十分普遍。因此，我们应学会观察，发现问题并试着应用所学知识解决问。

典型例题

例题 1 如图 9-21 所示电路中，L 是自感系数很大的、用铜导线绕成的理想自感线圈，开关 S 原来是闭合的，当 S 断开时（　　）。

A. 灯泡 D 立即熄灭

B. 灯泡 C 立即熄灭

C. 灯泡 D 过一会熄灭

D. 灯泡 C 过一会熄灭

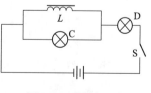

图 9-21 例题 1 图

解析：S 断开后，D 中立即无电流，故选项 C 错误，A 正确。

　　S断开后，由于电流变化率很大，自感线圈L中产生很大的与原来通过其中的电流方向相同的自感电动势，使L和灯泡C闭合电路中仍保持原来的电流，所以灯泡C过一会才熄灭。选项B错误，选项D正确。

　　例题2　如图9-22所示电路中，自感线圈电阻很小，（可忽略）自感系数L很大。A、B、C是三只完全相同的灯泡，则S闭合后（　　　）。

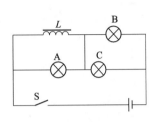

A. 闭合瞬间，三个灯都亮

B. 闭合瞬间，灯最亮，灯何等亮度相同

C. 闭合后，过一会儿，灯逐渐变暗，最后完全熄灭

D. 闭合后，过一会儿，灯逐渐变亮，最后亮度相同

图9-22　例题2图

　　解析：　S闭合的瞬间，L阻抗很大，相当于断路，此刻A、B、C接在电路中，B、C并联再与A灯串联，故A灯上分配的电压大，A、B、C三个灯泡同时发亮，灯A最亮，故选项A、B正确。

　　S闭合后，L逐渐趋于稳定，即L阻抗逐渐减小最后完全消失。由于L纯电阻可以忽略不计，此时对A相当于短路，所以A逐渐变暗，最后熄灭，而B、C逐渐变亮，最后亮度相同。故选项C、D正确。

达标检测

一、判断题

1. 两个互相靠近的线圈，若线圈中电流越大，则线圈中互感电动势就越大。（　　　）

2. 一线圈的电流的改变量越大，线圈中的自感电动势就越大。（　　　）

3. 线圈中的自感电动势的大小跟线圈中电流的变化率成正比。（　　　）

4. 电流变化率大的线圈中的自感电动势一定大。（　　　）

5. 自感系数大的线圈所产生的自感电动势一定大。（　　　）

6. 对于同一个线圈，电流变化率大时，线圈中的自感电动势一定大。（　　　）

7. 自感电动势的方向总是跟引起自感的原电流的方向相反。（　　　）

二、填空题

1. ＿＿＿＿＿＿＿＿＿＿＿＿＿＿＿＿＿的电磁感应现象称为互感现象。

2. 自感电动势总是阻碍＿＿＿＿＿＿＿＿＿＿＿的变化。

3. 有一自感系数是 2×10^3 mH 的线圈，当通过它的电流强度在 0.01s 内由 5A 减小到 1A，产生的自感电动势为＿＿＿＿＿＿＿＿＿＿。

4. 如图9-23所示，电键K断开时的瞬间通过灯泡的电流方向自＿＿＿＿＿至＿＿＿＿＿。

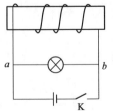

图9-23　题4图

三、选择题

1. 如图9-24所示，导线可在匀强磁场中沿平行的金属导轨左右移动，为了使检流计中获得图中所示的电流，应使导线 ab（　　　）。

A. 向右匀速移动

B. 向右加速移动

C. 向左匀速运动

D. 向左加速运动

2. 如图 9-25 所示，L 为一自感线圈，若两只支路电阻相等，则（　　）。

A. 闭合开关 S 时，电流表的示数 A_1 小于电流表 A_2 的示数

B. 闭合开关 S 时，电流表的示数 A_1 等于电流表 A_2 的示数

C. 断开开关 S 时，电流表的示数 A_1 小于电流表 A_2 的示数

D. 断开开关 S 时，电流表的示数 A_1 等于电流表 A_2 的示数

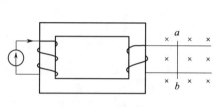

图 9-24　题 1 图

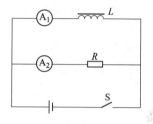

图 9-25　题 2 图

第10章

交流电

本章讲述交变电流知识，是前面学过的电和磁的知识的发展和应用。与直流电相比，交变电流有许多优点，交变电流可以利用变压器升压或降压，便于远距离传送；可以通过交流发电机产生两种电压，可以通过设备将交流电变为直流电，方便了生产和生活。本章的重点内容是：交流电流的产生原理，交流发电机的简单结构及原理，表征交流电的物理量，变压器的工作原理。

▸ 10.1　交流发电机原理

▸ 10.2　表征交流电的物理量

学习目标

1. 理解交流电产生的原理；
2. 理解交流电的最大值和有效值，能利用它们之间的关系计算；
3. 了解交流发电机的组成及工作原理；
4. 理解交流电的周期、频率以及它们之间的关系。

知识诠释

1. 交流发电机的原理　当金属导体回路在匀强磁场中转动做切割磁感应线运动

时，回路中就会产生大小和方向不断变化的感应电动势，这就是交流发电机的基本发电原理。我们可以通过教材所列的图像看出，闭合线圈在五个不同特殊位置时，电流表指针变化情况不同。

2. 交流电的描述量　交流电的大小和方向不断变化，因此对交流电的描述应反映出其特征。瞬时值和最大值描述交流电在某时刻的数值和方向；周期和频率描述交流电的变化快慢；有效值是交流电与直流电在热效应方面的等效值。

3. 正弦交流电变化规律　交流电的大小和方向按照正弦规律变化，这样的交流电称正弦交流电。我们通常应用的交流电就是频率为 50Hz，有效值为 380V 和 220V 的正弦交流电。

正弦交流电可以用数学中正弦函数表示出来，反映正弦交流电的瞬时值随时间的变化关系。其表达式为 $e = E_m \sin\omega t$、$i = I_m \sin\omega t$、$u = U_m \sin\omega t$。

正弦交流电的变化规律还可以用图像表示出来，这样更加直观形象。如图 10-1 所示。

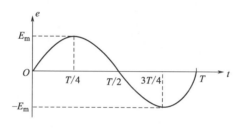

图 10-1　正弦交流电变化规律

4. 正弦交流电最大值和有效值的关系：$I = I_m/\sqrt{2}$、$U = U_m/\sqrt{2}$。

重点难点

交流电有效值的概念以及最大值和有效值、周期和频率的关系是学习本节的关键。

典型例题

例题1　交流发电机产生的电动势 e 与时间 t 的关系如图 10-2 所示，则（　　）。

A. 此交流电的频率是 25Hz

B. 在 $t = 0$ 时，穿过线圈磁通量最小

C. 从 0.02s 到 0.03s 这段时间内，穿过线圈的磁通量越来越小

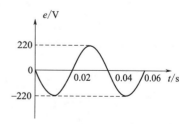

图 10-2　例题 1 图

D. 瞬时电动势的表达式为 $e = 220\sin100\pi t$

解析：由图可知 $T = 0.04s$，所以 $T = 1/f = 25Hz$，选项 A 正确。由图可知，$t = 0$ 时 $u = 0$，线圈处于中性面位置，此时磁通量最大，选项 B 错误。由图可知，从 0.02s

到 0.03s 这段时间内，u 从零增加到最大值，则线圈从中性面转到平面平行磁感线为止，即线圈中磁通量逐渐减小，选项 C 正确。由 $\omega = 2\pi f = 50\pi$、$E_m = 220V$、$e = E_m\sin\omega t$ 知，D 错误。

例题 2　关于交变电流下列说法正确的是（　　）。

A. 如果交变电流的最大值为 5A，那么它的最小值为 $-5A$

B. 用交流电压表或交流电流表测交变电流的电压或电流时，指针来回摆动

C. 我国工农业生产和生活用交流电，频率为 50Hz，故电流方向每秒变化 50 次

D. 正弦交变电流 $i = 311\sin100\pi t$ 的有效值为 220A，最大值为 311A

解析：如果交变电流的最大值为 5A，则最小值为 0，而不是 $-5A$，故选项 A 错误。交流电流表测的是交流电的有效值，在测量时，指针不会左右摆动，故 B 错误。若交变电流频率为 50Hz，那么它每秒变化 100 次，故 C 选项错误。

由 $i = I_m\sin\omega t$ 知，电流最大值为 311A，有效值为 $I = 311/\sqrt{2} = 220A$，故选项 D 正确。

达标检测

一、选择题

1. 中性面是指（　　）。

A. 穿过线圈磁通量最大，产生感应电动势最大的位置

B. 穿过线圈磁通量最大，而产生感应电动势最小的位置

C. 穿过线圈磁通量最小，产生感应电动势最小的位置

D. 穿过线圈磁通量最小，而产生感应电动势最大的位置

2. 有关交流电的下列说法正确的是（　　）。

A. 交流电电器设备所标的数值为交流电最大值

B. 给定的交流电如没有特殊说明均指交流电的有效值

C. 跟直流电有相同热效应的交流电数值是交流电的有效值

D. 交流电流表与交流电压表测定的是瞬时值

3. 有一电阻 $R = 100\Omega$，其两端加有交流电压 $u = 282\sin100\pi t$（V），则此电阻消耗的电功率为（　　）。

　A. 300W　　　　　B. 350W　　　　　C. 400W　　　　　D. 450W

4. 有一电阻丝接在 100V 直流电源上，产生的热功率为 P，同样的电阻丝接在正弦交流电压上，热功率为 $P/2$，则交流电压的最大值（　　）。

　A. $100\sqrt{2}\,V$　　　　B. 100V　　　　C. $50\sqrt{2}\,V$　　　　D. 70V

二、填空题

1. 交变电流产生的原理_____。

2. 当矩形线圈在匀强磁场中旋转 10 圈后，感应电动势的方向改变了_____次。

3. 大小和方向都随时间作用期性变化的电压为_____。

4. 直流电是_____。

5. 三相交流发电机的三个线圈在空间位置上互差_____。

6. 频率为 100Hz 的交流电的周期为_____，角频率为_____。

7. 电路中交流电压为 $u = 537\sin(100\pi t + 30°)$，则最大值为_____，有效值为_____，频率为_____，周期为_____，初相位为_____。

10.3 变压器

学习目标

1. 了解变压器的结构；

2. 理解变压器的工作原理。

知识诠释

1. 变压器的工作原理 变压器是交变电路中常见的一种电器设备，也是远距传送交流电不可缺少的装置。互感现象是变压器工作的基本原理。从电磁感应原理的角度，原线圈加交变电压产生交变电流，铁芯中产生交变磁通量，副线圈中产生交变电动势，副线圈相当于交流电源对外界负载供电。从能量角度来说，变压器是电能通过磁场能转变成电能的装置。经过转化后一般电压和电流通常都发生了变化。并根据电磁感应原理认识到变压器铁芯并不带电，铁芯内部有磁场。根据变压器的结构，由于铁芯的存在，忽略漏磁通，原线圈和副线圈磁通量的变化率是相同的，所以，其中的感应电动势仅与线圈的匝数有关。根据能量守恒，理想变压器的输入功率等于输出功率，得到变压器的电流与匝数的关系。

$$\frac{U_1}{U_2} = \frac{N_1}{N_2}, \quad \frac{I_1}{I_2} = \frac{N_2}{N_1}$$

2. 变压器的基本结构 变压器主要由铁芯和线圈组成。铁芯用来导磁，线圈用来产生交变变化的磁通量。变压器在生产和生活中应用十分广泛。自耦变压器、调压变压器和三相电力变压器结构、容量虽然不同，但它们的工作基本原理是一样的。

重点难点

正确理解变压器的工作原理和变压器能量传输过程是关键。

典型例题

例题 理想变压器原、副线圈的电流 I_1、I_2，电压为 U_1、U_2，功率为 P_1、P_2，关于它们之间的关系，正确的说法是（　　）。

A. I_2 由 I_1 决定   B. U_2 与负载有关

C. P_1 由 P_2 决定   D. 以上说法都不对

解析：变压器原线圈的电压是由 U_1 决定，所以 U_1 是不变的。原副线圈的匝数比 N_2/N_1 决定副线圈的电压 U_2，副线圈组成的闭合回路的电流 $I_2 = U_2/R$，副线圈的电压、电流决定了变压器的输出功率 $P_2 = U_2 I_2$。而原线圈的输入功率 P_1 是由 P_2 决定的。所以正确选项是 C。

达标检测

一、选择题

1. 理想变压器，有一个原线圈和两个副线圈，当从原线圈输入交变电流后，在各个线圈中一定相同的物理量是（　　）。

　A. 每匝线圈磁通量的变化率

　B. 交流电的频率

　C. 电功率

　D. 电流强度的最大值

2. 在变压器中（　　）。

　A. 原线圈跟电源相接，端电压一定很高

　B. 副线圈跟负载相连接，端电压一定很低

　C. 铁芯的作用是使变压器的输出功率大于输入功率

　D. 原线圈是与电源相连的线圈，副线圈是与负载相连的线圈

3. 下面哪种方法可以增加变压器的输入功率（　　）。

　A. 减小接在副线圈上的电阻　　　　B. 增加原线圈的匝数

　C. 减小副线圈的匝数　　　　　　　D. 把原线圈的导线加粗

4. 一个变压器，原副线圈匝数之比 $N_1/N_2 = 10$，当变压器工作时，它的输入功率和输出功率之比是（　　）。

　A. 10　　　　　　　B. 100　　　　　　　C. 1　　　　　　　D. 1/10

5. 理想变压器原副线圈两侧一定相同的物理量是（　　）。

　A. 交流电的频率　　　　　　　　　B. 交流电的功率

　C. 磁通量的变化率　　　　　　　　D. 交流电的最大值

二、填空题

1. 变压器的原副线圈匝数之比是 $N_1/N_2 = 8 : 1$，则原副线圈电流强度之比为_____。

2. 变压器正常使用过程中，如果副线圈断开，则原线圈的输入功率是_____。

3. 对于理想的降压变压器来说，输出电压_____输入电压，输出电流_____输入电流。

4. 一个理想变压器原、副线圈的匝数之比为 2：1，如果将原线圈接在 6V 的蓄电池组（直流）上，则副线圈的电压是_____。

综合测试训练

一、填空题

1.运动员用网球拍击球时，球和网拍都变了形。这表明两点：一是力可以使物体的_____发生改变，二是力的作用是_____的。此外，网拍击球的结果，使球的运动方向和速度大小都发生了变化，表明力还可使物体的_____发生改变。

2.奥巴马豪华座驾"野兽"曝光：美国总统奥巴马的座驾是一辆名副其实的超级防弹装甲车。长5.48m，高1.78m，车重达6803kg。这里的车重指的是车的_____（选填"质量"或"重力"），如果可以用弹簧测力计测量，则其示数为_____（取 $g=10N/kg$）。

3.据报道，目前嫦娥三号一切准备就绪，只待发射。嫦娥二号携带国产"玉兔号"月球车已顺利落月，正在进行预订的各项科学探测任务。月球车设计质量为140kg。当它到月球上，用天平称它的示数为_____kg，用弹簧测力计称重时它的示数与地球相比将_____（选填"不变""变大"或"变小"）。

4.正在平直路面上匀速行驶的一辆汽车，受到的阻力为1000N，汽车行驶1km牵引力做了_____J的功；若将汽车发动机关闭，则汽车的机械能将_____。

5.暴风雨来临前，狂风把小树吹弯了腰，狂风具有_____能，被吹弯了腰的小树具有_____能。

6.皮球从某一高度释放，落地后反弹上升，上升的最大高度比释放时的高度低一些，皮球上升的过程重力势能_____，皮球在整个运动过程中的机械能_____（选填"增加"、"减少"或"不变"）。

7.质量为40kg的某同学，在体育课上用12s的时间匀速爬到了一个竖直长杆的3m处，则在这段时间内该同学做的功为_____J，功率为_____W。（取 $g=10N/kg$）

8.拉弓射箭的过程中，箭被射出时，弓的_____能转化为箭的_____能。人坐在弹簧沙发上时，沙发会下陷，是因为人的_____能转化为弹簧的_____能。

9.甲、乙两辆拖拉机的功率相等，沿不同的路面运动，如果在相同的时间内通过的路程之比为4：3，那么，两辆拖拉机完成功的比是_____，甲、乙两车的牵引力之比为_____。

10.目前市场上销售的大桶水容积大多是19L，小强同学为班级的饮水机换水时，他从地面匀速提起一桶水放到1m高的饮水机上（水桶质量不计）。则桶中水的质量是_____，小强同学所做的功是_____。（g 取 10N/kg）

11.重力为400N的某学生站在静止的电梯里受到_____和_____，它们的施力物体分别是_____和_____，该同学受到电梯地板对他向上的作用力等于_____。

12.如图11-1所示电路，电源电压为6V，开关闭合后电压表的示数为2.8V，则灯 L_1 两端的电压为_____V，灯 L_2 两端的电压为_____V。

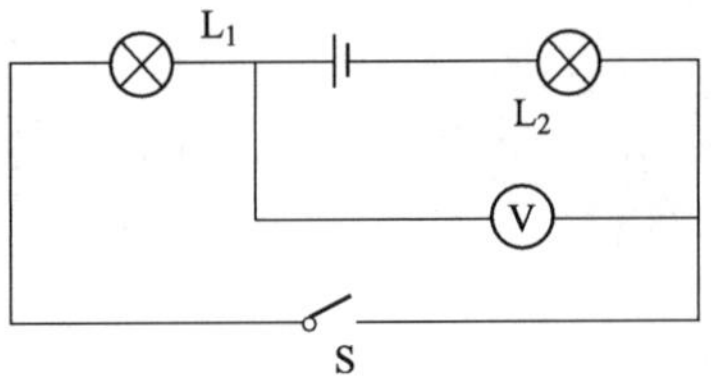

图 11-1　题 12 图

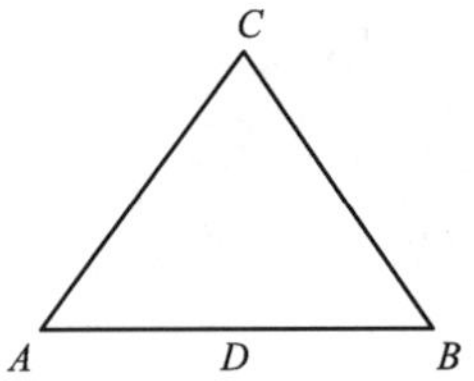

图 11-2　题 14 图

13.某导体接在10V的电源上时，它的电阻为10Ω；若将它改接在6V的电源上，它的电阻为_____。若加在它两端的电压为零，它的电阻_____。

14.把一根粗细均匀的电阻丝变成等边三角形ABC，如图11-2所示，图中 D 为 AB 边的中点，如果 C、D 两端的电阻值为9Ω，则 AB 两端的电阻值为_____。

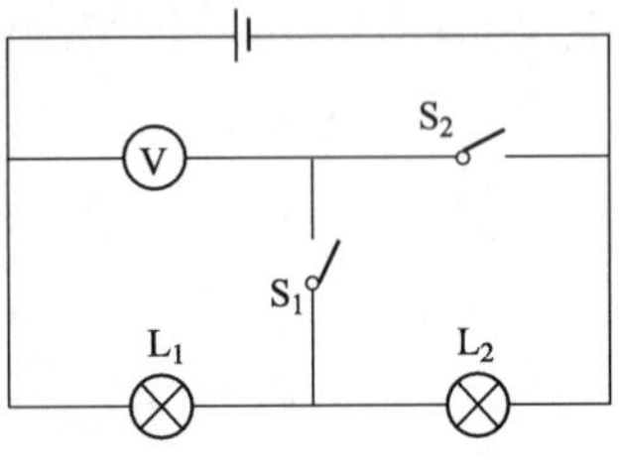

图 11-3　题 15 图

15.如图11-3所示的电路中，当 S_1 闭合、S_2 断开时，电压表的示数为2.5V；当 S_1 断开、S_2 闭合时，电压表示数为6V，则灯 L_1 两端电压为_____V，灯 L_2 两端的电压为_____V，电源电压为_____V。

16.大量事实表明，不高于36V的电压才是安全电压。当因出汗或其他因素导致双手潮湿时，人若接触较高的电压，发生危险的可能性_____（选填"变大"或"变小"），这是因为此时人的电阻明显_____（选填"变大"或"变小"）。

17. 小明用两节干电池和一个灯泡连接了如图11-4所示的电路，用来探究铅笔芯 AB 的导电性。闭合开关后发现灯泡能发光，这说明铅笔芯是_____，发出微弱的光说明有_____通过灯泡，当 P 向右移动时灯泡亮度增大，说明铅笔芯接入电路的电阻_____（选填增大或减小），这个实验说明导体的电阻跟导体的_____有关。

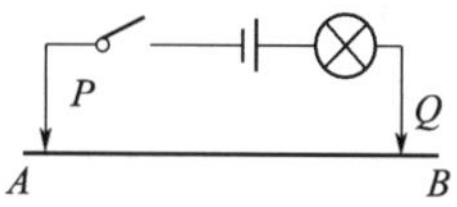

图11-4 题17图

18. 小南和小雄将一块铜片和一块锌片插入西红柿，做成了一个"西红柿电池"。小南和小雄在探究过程中，找来了电压表，连成如图11-5所示的电路。发现电压表示数为 0.5V，因此他们探究出第一个结果是：_____片是西红柿电池的正极。

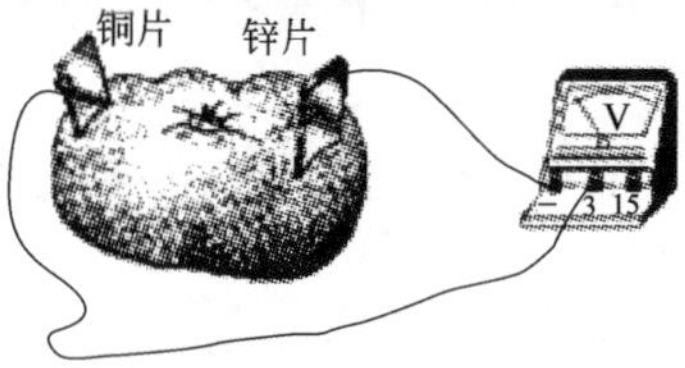

铜片　锌片

图11-5 题18图

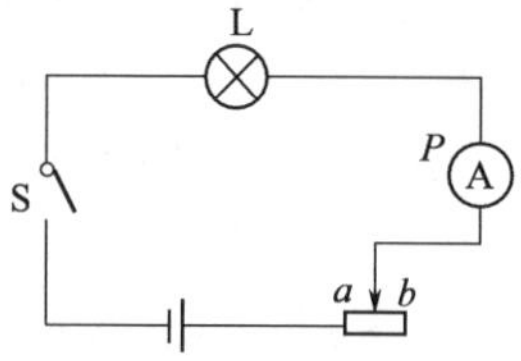

图11-6 题19图

19. 如图11-6所示，闭合开关S后，灯泡L发光，现把滑动变阻器的滑片 P 向 a 端移动，则灯泡L的亮度_____（变暗、变亮、不变）；电流表示数的变化情况是_____（变大、变小、不变）。

20. 同种材料组成的四根导线，$R_1 < R_2 < R_3 < R_4$，如果它们的长度相等，横截面积最大的是_____，如果它们的横截面积相等，则电阻线的长度最长的是_____。

21. 电压是_____的原因，电源的作用是保持_____有一定的电压。

22. 一般照明电路的电压为_____V，只有_____V的电压对人体是安全的。将 8 节干电池串联起来组成一个电池组，此电池组的总电压是_____V，给 3 只相同的灯泡串联而成的电路供电，每只灯泡两端的电压为_____V。

23. 电压表能直接接在电源两端测量电源电压，这是因为电压表的_____非常大，不会形成电源_____。

24. 在一次测 L_1、L_2 灯串联的电路电压的实验中，电路两端的总电压值如图11-7甲所示，则总电压为_____V，灯泡 L_1 的电压如图11-7乙所示，则灯 L_1 的电压为_____V，灯 L_2 的电压为_____V。

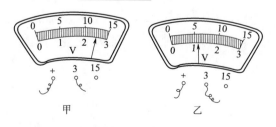

甲　　　　乙

图11-7 题24图

25. 一个白炽灯泡铭牌上标有"220V 100W"字样，则这盏灯的灯丝电阻为_____Ω。如果灯丝断了之后，重新将灯丝搭上，设灯丝电阻变为440Ω，通电后，则灯丝中实际电流为_____A；实际功率为_____W，通电1min后，灯丝实际消耗的电能为_____J（假设灯丝电阻不随温度改变）。

26. 小强在立定跳远起跳时，用力向后蹬地，就能获得向前的力，这是因为物体间力的作用是_____的。离开地面后，由于_____，他在空中还能继续向前运动。

27. 交通法规定，乘坐汽车时，乘客必须系好安全带。这是主要防止汽车突然减速，乘客由于_____，身体向前倾倒而造成伤害。假如正在行驶的汽车所受的力全部消失，汽车将会处于_____状态。（选填"静止""匀速运动""加速运动"或"减速运动"）

28. 一辆匀速运动的汽车，向右急转弯时，坐在汽车座位上的乘客会感到向_____倒，这是因为乘客和汽车在未转弯时处于_____，汽车向右急转弯，乘客的脚和下半身随车向右转弯。而乘客的上半身由于_____，还保持原来的运动状态，所以乘客会感觉向_____倒。

29. 小明在家玩爸爸的手机，打开后盖有一块电池上面的标志如图11-8所示。由此可知该手机的工作电压是_____V，此充电电池所充满电所能储存的电能为_____J。

30. 为了搞好城市建设，南京市在市区各交叉路口相继安装了交通红、绿灯和电子警察监控系统。如图11-9所示某一路口的红、绿灯设施。已知三只灯泡均标有"220V 0.5A"字样，这三只灯是_____联的，该设施正常工作一天（24h）将消耗_____kW·h的电能。

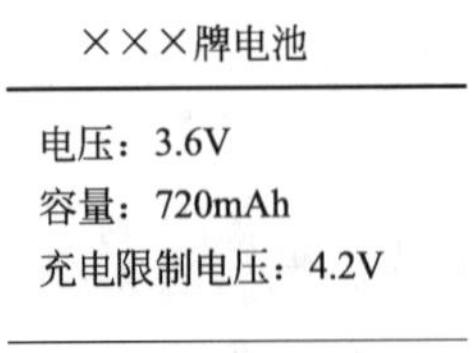

×××牌电池

电压：3.6V
容量：720mAh
充电限制电压：4.2V

图11-8 题29图

图11-9 题30图

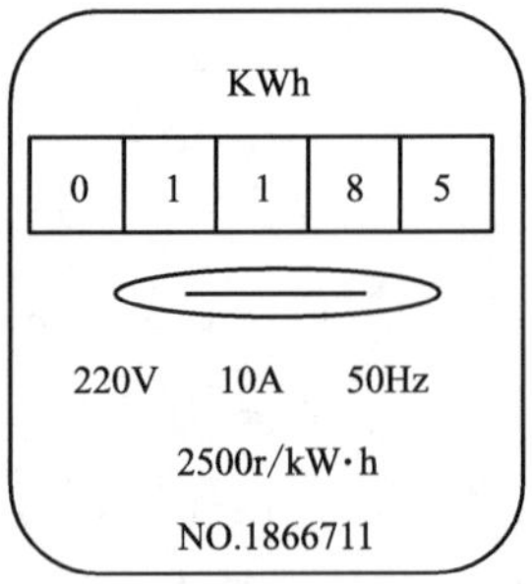

KWh

| 0 | 1 | 1 | 8 | 5 |

220V　10A　50Hz

2500r/kW·h

NO.1866711

图11-10 题32图

31. 在夏季雨天的一次闪电中，若带电云层与地面间电压为$3×10^9$V时发生雷击，放电电流为$5×10^6$A，放电时间为$4×10^{-6}$s，则释放了_____J的电能。若这些电能全部转化为内能，这相当于质量为_____kg的煤完全燃烧释放的能量。（$q_煤=3×10^7$J/kg）

32. 下课后王老师去关闭微机房的总电闸时，发现图11-10所示的电能表转盘在缓慢地转动，他利用手表估测了一下，2min转盘转动了5r，那么2min内消耗了

_____ J电能；经检查发现，原来机房内还有20台型号相同的电脑显示器处于待机状态，则一台电脑显示器的待机功率约为_____ W。

33. 王小虎同学听到上课铃响了，他一口气从一楼跑到三楼，所用时间为10s。那么他上楼过程中，克服自己重力做功的功率最接近下面哪个值（   ）

A. 3W   B. 30W   C. 300W   D. 3000W

34. 一个白炽灯泡铭牌上标有"220V 100W"字样，则这盏灯的灯丝电阻为_____ Ω。如果灯丝断了之后，重新将灯丝搭上，设灯丝电阻变为440Ω，通电后，则灯丝中实际电流为_____ A；实际功率为_____ W，通电1min后，灯丝实际消耗的电能为_____ J（假设灯丝电阻不随温度改变）。

35. 有两盏白炽灯，甲灯标有"220V 40W"，乙灯标有"220V 60W"的字样，灯丝若用同样长度的钨丝制成，灯丝电阻值较大的是_____灯，丝较粗的是_____灯的灯丝，把两盏灯串联在220V的电路中则_____灯较亮。

36. 要在一段电路中产生电流，它的两端要有_____，所以_____的作用是使电路中产生电流，_____是提供电压的装置。

37. 导体对电流的_____作用叫做电阻，单位是_____，它的符号是_____。

38. 决定电阻大小的因素是导体的_____、_____和_____。

39. 在串联电路中，电路两端的总电压等于_____。并联电路中各支路上的电压_____。

40. 在20世纪初，科学家发现，铝在−271.76℃以下时，电阻就变成了_____ _____，这种现象称为超导现象。

二、选择题

1. 下面几种情形中属于有害摩擦的是（   ）。

A. 写字时笔和纸之间的摩擦

B. 走路是鞋子和地面之间的摩擦

C. 汽车车轮和地面之间的摩擦

D. 火车奔跑时，车厢的车轮和钢轨之间的摩擦

2. 如图11-11所示的四个实例中，目的是为了减小摩擦的是（   ）。

| 浴室脚垫做得凹凸不平 | 轮滑鞋装有滚轮 | 防滑地砖表面做得较粗糙 | 旅游鞋底有凹凸的花纹 |
| A | B | C | D |

图11-11 题2图

3. 关于摩擦，下列说法正确的是（   ）。

A. 用钢笔写字时，钢笔与纸之间的摩擦力是滑动摩擦力

B. 在机器的转动部分装滚动轴承是为了增大摩擦力

C. 在站台上候车的旅客要站在安全线以外，是防止摩擦力过小带来危害

D. 鞋底刻有花纹，是为了增大接触面积从而增大摩擦力

4. 如图 11-12 所示，下列用电器的额定电流最接近 4A 的是（　　　）。

A. 家用电冰箱　　　　B. 电视机　　　　　C. 节能灯　　　　D. 电压力锅

图 11-12　题 4 图

5. 下面实例中属于滚动摩擦的是（　　　）。

A. 黑板擦和黑板之间的摩擦

B. 皮带和皮带轮之间的摩擦

C. 转笔刀和铅笔之间的摩擦

D. 圆珠笔头和纸之间的摩擦

6. 关于磁场和磁感线的说法正确的是（　　　）。

A. 磁感线是磁场中确实存在的线

B. 没有磁感线的区域就没有磁场

C. 磁体的周围都存在着磁场

D. 磁感线上某一点的切线方向可能与该点的磁场方向不一致

7. 小新用西红柿制作了一个水果电池，他用一片铜片和一片锌片制作了它的两个电极，做好该西红柿电池后，小新用电压表测量了它的电压，你觉得它的电压有多高？（　　　）。

A. 3V　　　　　　B. 220V　　　　　C. 1.5V　　　　　D. 0.2V

8. 关于电源，下列说法中正确的是（　　　）。

A. 是提供电荷量的装置　　　　　B. 是提供电流的装置

C. 是提供电压的装置　　　　　　D. 是提供用电器的装置

9. 用电压表分别测量电路中两盏电灯的电压，结果它们两端的电压相等，由此判断两盏电灯的连接方式是（　　　）。

A. 一定是串联　　　　　　　　B. 一定是并联

C. 串联、并联都有可能　　　　D. 无法判断

10. 惯性在日常生活和生产中有利有弊，下面四种现象有弊的是（　　　）。

A. 锤头松了，把锤柄在地面上撞击几下，锤头就紧紧地套在锤柄上

B. 汽车刹车时，站在车内的人向前倾倒

C. 往锅炉内添煤时，不用把铲子送进炉灶内，煤就随着铲子运动的方向进入灶内

D. 拍打衣服可以去掉衣服上的尘土

11. 经验证明，对人体的安全电压是（　　　）。

A. 一定等于 36V

B. 一定小于 36V

C. 一定大于 36V

D. 等于或小于 36V

12. 一个灯泡接在三节串联的铅蓄电池上，才能正常发光如果现在用两个同样的灯泡串联后仍接在这个铅蓄电池上，则这两个灯泡将（　　　）。

A. 较亮　　　　B. 较暗　　　　C. 正常发光　　　　D. 烧坏

13. 关于惯性，下列说法中正确的是（　　　）。

A. 静止的物体才有惯性

B. 做匀速直线运动的物体才有惯性

C. 物体的运动方向改变时才有惯性

D. 物体在任何情况下都有惯性

14. 某同学使用电压表时，估计待测电路中的电压应选用 0～3V 的量程，但他误用 0～15V 的量程来测量。这样做的结果是（　　　）。

A. 指针摆动角度大，会损坏电压表

B. 指针摆动角度小，会损坏电压表

C. 指针摆动角度小，读数比较准确

D. 指针摆动角度小，读数不够准确

15. 在如图 11-13 所示的电路中，电源电压不变。闭合开关 K 后，灯 L_1、L_2 都发光。一段时间后，其中一灯突然熄灭，而电流表、电压表的示数都不变，则产生这一现象的原因可能是（　　　）。

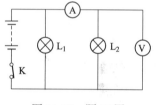

A. 灯 L_1 短路

B. 灯 L_2 短路

C. 灯 L_1 断路

D. 灯 L_2 断路

图 11-13　题 15 图

16. 下列行为中，符合安全用电原则的是（　　　）。

A. 用湿手拨动开关

B. 把湿衣服晾在室外电线上

C. 电线或电器着火，赶紧用水扑火

D. 保持绝缘部分干燥

17. 小明利用电能表测量某一家用电器的电功率. 当电路中只有这一个用电器连续工作时，测得在 1h 内，消耗的电能为 0.04kW·h，那么这一个用电器是（　　　）。

A. 电冰箱　　　　B. 普通白炽灯　　　　C. 彩色电视机　　　　D. 挂壁式空调机

18. 甲、乙两只普通照明灯泡的铭牌如图 11-14 所示，下列说法中正确的是（　　　）。

A. 甲灯的实际功率一定是 40W

B. 将乙灯接入 110V 电路中，它的额定功率仍为 60W

C. 两灯均正常发光时，甲灯灯丝电阻较小

D. 两灯均正常发光时，甲灯消耗的电能较少

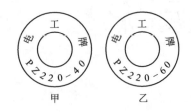

图 11-14　题 18 图

19. 把两只灯泡并联后接到电源上，闭合开关，发现灯泡 L_1 比 L_2 亮，则下列说法正确的是（　　）。

　　A. 通过 L_1 的电流大　　　　　　B. 通过 L_2 的电流大

　　C. L_1 两端的电压大　　　　　　D. L_2 两端的电压大

20. 两只灯泡串联在电路中，其中一只亮，另一只不亮，这原因可能是（　　）。

　　A. 不亮的灯泡灯丝断了或接触不良

　　B. 两灯相比，不亮的灯泡其电阻太小

　　C. 两灯相比，不亮的灯泡其电阻太大

　　D. 两灯相比，通过不亮灯泡的电流较小

21. 有两个灯泡，L_1 标有"6V 3W"的字样，L_2 没有标记，测得 L_2 电阻为 6Ω，把它们串联在电路中，两灯均正常发光，那么该电路两端电压和 L_2 的电功率分别是（　　）。

　　A. 12V，3W　　　B. 12V，1.5W　　　C. 9V，3W　　　　D. 9V，1.5W

22. 分别标有"6V 2W"和"12V 8W"的两个灯泡，串联后接在电路中，为使其中一个恰能正常发光，加在电路两端的电压应是（　　）。

　　A. 6V　　　　　　B. 12V　　　　　　C. 18V　　　　　　D. 24V

23. 把标有"220V 40W"和"220V 15W"的甲、乙两盏灯串联接在 220V 电压下，则下面分析正确的是（　　）。

　　A. 两盏灯的总功率等于 55W

　　B. 两盏灯的总功率大于 15W

　　C. 甲灯的实际功率大于乙灯的实际功率

　　D. 乙灯的实际功率大于甲灯的实际功率

24. 教室里，带磁性的粉笔刷可吸在黑板上不掉下来。如图 11-15 所示，关于粉笔刷的受力情况，下列说法正确的是（　　）。

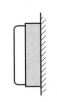

　　A. 粉笔刷所受磁力与粉笔刷所受重力是一对平衡力

　　B. 粉笔刷所受磁力与黑板对粉笔刷的支持力是一对相互作用力

　　C. 黑板对粉笔刷的摩擦力的方向竖直向上

图 11-15　题 24 图

　　D. 粉笔刷没有受到摩擦力作用

25. 惯性在日常生活和生产中有利有弊，下面四种现象有弊的是（　　）。

A. 锤头松了，把锤柄在地面上撞击几下，锤头就紧紧地套在锤柄上

B. 汽车刹车时，站在车内的人向前倾倒

C. 往锅炉内添煤时，不用把铲子送进炉灶内，煤就随着铲子运动的方向进入灶内

D. 拍打衣服可以去掉衣服上的尘土

26. 如图 11-16 所示，铅球由 a 处向右上方推出，在空中划出一道弧线后落到地面 b 处。铅球在飞行过程中，不断改变的是（　　）。

图 11-16　题 26 图

A. 惯性的大小　　　　　　　　　B. 运动的方向

C. 受到重力的大小　　　　　　　D. 受到力的个数

27. 电能表是用来测量（　　）。

A. 用电时间　　　　　　　　　　B. 用电器在 1s 内电流做功多少

C. 用电器消耗电能多少　　　　　D. 通过用电器电流大小

28. 下列用电器是利用电流做功获得机械能的是（　　）。

A. 电灯　　　　　B. 电热水器　　　　C. 电饭锅　　　　D. 电风扇

29. 电流通过一台电动机时产生的热量是 1200J，产生的动能是 3600J，则电流做功至少为（　　）。

A. 1200J　　　　B. 4800J　　　　C. 3600J　　　　D. 2400J

30. 下列关于电功的说法中正确的是（　　）。

A. 电流通过用电器时，只有把电能转化为机械能进才做功

B. 电流通过导体时所做的功决定于导体两端的电压、通过导体的电流和导体的电阻

C. 加在导体两端的电压越大，通过导体的电流越大，通电时间越长，电流做的功越多

D. 电流做功的过程，实际上是把其他形式的能转化为电能的过程

31. 下列做法中不符合节约用电原则的是（　　）。

A. 离开房间时随手关灯　　　　　B. 使用空调时不关闭门窗

C. 使用电子高效节能灯　　　　　D. 使用冰箱时尽量少开冰箱门

32. 把标有"220V 40W"和"220V 15W"的甲、乙两盏灯串联接在 220V 电压下，则下面分析正确的是（　　）。

A. 两盏灯的总功率等于 55W

B. 两盏灯的总功率大于 15W

C. 甲灯的实际功率大于乙灯的实际功率

D. 乙灯的实际功率大于甲灯的实际功率

33. 体重相同的甲、乙两人，匀速地从同一楼的一楼上到五楼，甲的速度大于乙的速度，则下列说法正确的是（　　）。

　　A. 甲做的功多　　　　　　　　　B. 甲、乙做的功相等

　　C. 甲的功率大　　　　　　　　　D. 乙的功率大

34. 当大规模的林区发生虫灾时，我国政府常调动直升机在重灾区上空喷洒生物农药。当飞机在某一高度水平匀速喷洒农药的过程中，飞机的（　　）。

　　A. 动能减小　　　　　　　　　　B. 动能不变

　　C. 重力势能减小　　　　　　　　D. 机械能减小

35. 下列各个事例中，属于动能转化为势能的是（　　）。

　　A. 汽车匀速上坡

　　B. 小球从光滑的斜面上滚下

　　C. 皮球落地后，被地面反弹在空中上升的过程

　　D. 小球沿光滑的斜面向上滚动

36. 遵守社会公德是我们每位公民的义务，某班《八荣八耻》宣传栏中记述着："某高楼大厦发生高空抛物不文明行为，一位老太太被抛下的西瓜皮砸伤……"。被抛下的西瓜皮在下落过程中逐渐增大的是（　　）。

　　A. 重力势能　　　　B. 动能　　　　C. 重力　　　　　　D. 密度

37. 一个小球在光滑水平面上匀速滚动，对它做功的有（　　）。

　　A. 重力　　　　　B. 惯性　　　　C. 支持力　　　　D. 没有力对它做功

38. 下列实例中，既具有动能又具有势能的是（　　）。

　　A. 水平赛道上飞驰的赛车　　　　B. 戏水者从高处飞速滑下

　　C. 打桩机将重锤举在高处　　　　D. 张弓待发时被拉开的弦

39. 跳远运动员助跑的目的是（　　）。

　　A. 增大向前的冲力　　　　　　　B. 增大惯性

　　C. 增大起跳时的动能　　　　　　D. 增大内能

40. "玉兔"号月球车成功实现落月，正在月球上进行科学探测。下列有关"玉兔"号月球车的说法中正确的是（　　）。

　　A. 月球车轮子的表面积较大，目的是为了减小运动时受到的摩擦力

　　B. 当月球车匀速运动时，受到的摩擦力和支持力是一对平衡力

　　C. 月球车登上月球后，它将失去惯性

　　D. 与在地球上相比，同样的路面上，月球车在月球表面上匀速前进时受到的摩擦阻力变小

三、计算题

1. 飞机着陆后匀速减速滑行，它滑行的初速度是 60m/s，加速度大小是 $5m/s^2$，飞机着陆后要滑行多远才能停下来？

2. 质量为 $4×10^3kg$ 的汽车由静止开始在发动机牵引力作用下，沿平直公路行驶。若已知发动机的牵引力是 $1.6×10^3N$，汽车受到的阻力是 $8×10^2N$，求汽车开动后速

度达到 10m/s 所需的时间和在这段时间内汽车所通过的位移。(应用牛顿第二定律)

3. 将质量为 3kg 的石头从 20m 高的山崖上斜向上抛出，抛出的初速度为 5m/s，不计空气阻力，求石头落地时的速度大小。(应用机械能守恒定律 $g=10$N/kg)

4. 质量为 $5×10^3$kg 的载重汽车，在 $6×10^3$N 的牵引力作用下做直线运动，速度由 10m/s 增加到 30m/s。若汽车运动过程中受到的平均阻力为 $2×10^3$N，求汽车发生上述变化所通过的路程。(应用动能定理)

5. 一质量为 3000kg 的汽车沿着长为 5.4km 的盘山公路匀速行驶。当它从山脚行驶到高为 0.5km 的山顶时，耗时 15min，汽车发动机的牵引力为 4000N。求：

（1）汽车的行驶速度；

（2）汽车发动机牵引力做的功；

（3）汽车发动机牵引力的功率。

6. 在图 11-17 所示的电路中，电源电压为 6V，$R_1=20$Ω，$R_2=10$Ω，通过 R_1 的电流 I_1 为 0.2A，求通过 R_2 的电流 I_2 和干路电流 I 各是多少？

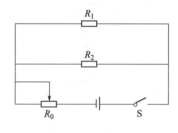

图 11-17 题 6 图

四、电路连接

1. 在图 11-18 甲中，闭合开关后，通过灯泡 L_1 的电流为 0.5A，通过灯泡 L_2 的电流为 0.4A。试根据图甲将图乙中的实物用铅笔线表示导线连接起来。

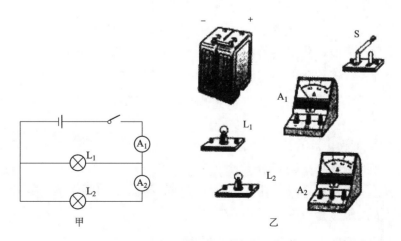

图 11-18 题 1 图

2. 图 11-19 中给出了几种元件，在图中用笔画线表示导线把电路元件连接起来，要求 L$_1$、L$_2$ 并联，用滑动变阻器改变通过 L$_2$ 的电流大小，滑片 P 向左移动时灯 L$_2$ 变亮。

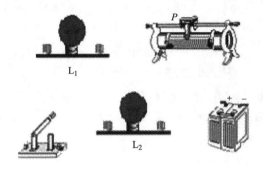

图 11-19　题 2 图

五、实验探究题

1.某同学做"测量小灯泡电功率"的实验时，连接了如图 11-20 中的甲电路，实验前观察小灯泡的螺旋套上标有"2.5V"字样。

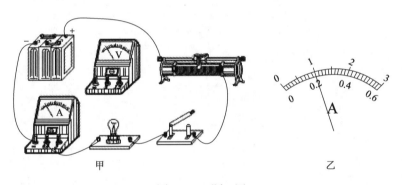

图 11-20　题 1 图

（1）要完成甲图的电路连接，电压表应选择连接＿＿＿＿＿＿＿＿（填"0～3V"或"0～15V"）＿＿＿＿＿＿＿＿的量程。

（2）在闭合开关前，变阻器的滑片应放在＿＿＿＿＿＿＿端（填"左"或"右"）。

（3）闭合开关，移动变阻器的滑片，使电压表的示数为＿＿＿＿＿＿＿ V 时，小灯泡正常发光，此时电流表表盘如乙图所示，电流表的示数是＿＿＿＿＿＿＿ A，则小灯泡的额定电功率是＿＿＿＿＿＿＿ W。

（4）向左移动变阻器滑片，会看到灯泡变＿＿＿＿＿＿＿（填"暗"或"亮"）一些，这说明灯泡的实际功率与灯泡＿＿＿＿＿＿＿有关系。

2.某同学做"测量小灯泡电功率"的实验时，连接了如图 11-21 中的甲电路，实验前观察小灯泡的螺旋套上标有"2.5V"字样。

（1）要完成甲图的电路连接，电压表应选择连接＿＿＿＿＿＿＿＿（填"0～3V"或"0～15V"）＿＿＿＿＿＿＿＿的量程。

（2）在闭合开关前，变阻器的滑片应放在＿＿＿＿＿＿＿端（填"左"或"右"）。

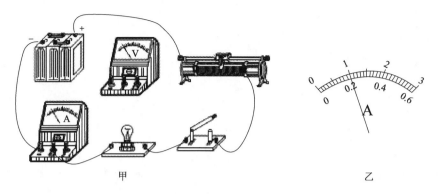

图 11-21 题 2 图

（3）闭合开关，移动变阻器的滑片，使电压表的示数为_____ V 时，小灯泡正常发光，此时电流表表盘如乙图所示，电流表的示数是_____ A，则小灯泡的额定电功率是_____ W。

（4）向左移动变阻器滑片，会看到灯泡变_____（填"暗"或"亮"）一些，这说明灯泡的实际功率与灯泡_____有关系。

3. 实验室购买了一批规格为"2.5V 0.8W"的小灯泡，小明同学在利用其中一只小灯泡做测量电功率的实验，小明同学设计了如图 11-22 甲所示的电路图。实验中各元件完好，电源电压保持不变。

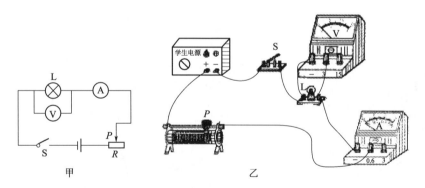

图 11-22 题 3 图

（1）接线过程中有一处连接错误，请在错误的接线上打"×"并用笔画线代替导线进行改正，要求改正后滑动变阻器接入电路的阻值最大。

（2）小明同学闭合开关后，发现小灯泡不亮，但电流表、电压表均有示数，接下来他首先应进行的操作是_____（选填字母序号）。

A. 检查电路是否断路

B. 更换小灯泡

C. 移动滑动变阻器的滑片，观察小灯泡是否发光

（3）移动滑动变阻器得到了一组电压和电流的数据，填入设计的表 11-1。

表 11-1　测量电压和电流数据

次数	电压 U/V	电流 I/A	电功率 P/W	平均电功率 P/W
1	2	0.34		
2	2.5	0.4		
3	3	0.44		

① 这种表格设计是否合理？答：_____（选填"合理"或"不合理"）

② 分析这组数据，小明认为该小灯泡不合格，他判断的理由是：_____。

③ 假如生产这种小灯泡钨丝的粗细是一定的，则这个小灯泡内钨丝的长度_____合格产品小灯泡钨丝的长度（选填"大于"或"小于"），得出这个结论的逻辑依据是：_____。

④ 长时间使用这只小灯泡，容易出现的故障是_____。

参考文献

[1]　曲梅丽. 物理学. 北京：化学工业出版社，2011.

[2]　胡英. 物理学. 北京：高等教育出版社，2007.

[3]　范力茹. 物理学基础. 北京：国防工业出版社，2009.

[4]　赵建彬. 物理学. 北京：机械工业出版社，2006.

[5]　蔡保平. 普通物理学. 北京：化学工业出版社，2006.

[6]　李迺伯. 物理学. 北京：高等教育出版社，2005.